U0577799

扬帆计划"十万电商人才培育工程"项目

电商人才培训系列丛书之三

电子商务项目管理

总主编　李桂鑫　张秋潮

主　编　陈志钦

副主编　朱良辉

编　委　袁东升　林　颖　林　宇

审　核　朱良辉

校　对　黄晓锋

北京理工大学出版社

BEIJING INSTITUTE OF TECHNOLOGY PRESS

版权专有　侵权必究

图书在版编目（CIP）数据

电子商务项目管理/陈志钦主编. —北京：北京理工大学出版社，2019.2（2021.8重印）
ISBN 978 - 7 - 5682 - 6227 - 9

Ⅰ.①电… Ⅱ.①陈… Ⅲ.①电子商务 - 项目管理 Ⅳ.①F713.36

中国版本图书馆 CIP 数据核字（2018）第 195042 号

出版发行 / 北京理工大学出版社有限责任公司
社　　址 / 北京市海淀区中关村南大街 5 号
邮　　编 / 100081
电　　话 / （010）68914775（总编室）
　　　　　　（010）82562903（教材售后服务热线）
　　　　　　（010）68944723（其他图书服务热线）
网　　址 / http：//www.bitpress.com.cn
经　　销 / 全国各地新华书店
印　　刷 / 北京虎彩文化传播有限公司
开　　本 / 787 毫米 ×1092 毫米　1/16
印　　张 / 7
字　　数 / 165 千字
版　　次 / 2019 年 2 月第 1 版　2021 年 8 月第 3 次印刷
定　　价 / 38.00 元

责任编辑 / 王俊洁
文案编辑 / 王俊洁
责任校对 / 周瑞红
责任印制 / 李　洋

图书出现印装质量问题，请拨打售后服务热线，本社负责调换

前　言

项目的兴起，起源于人类组织活动的分化。早在两千多年前，人类社会就有了古老项目的实践存在，如我国长城的筑造、古埃及金字塔的建造等，在古代长时期的项目实践中，并没有形成系统的项目管理知识理论体系，直到 20 世纪初，项目管理学才从现代管理学中逐步诞生出来并得到了迅速的发展。

20 世纪 80 年代以后，由于项目管理知识体系的进一步完善和两大国际性项目管理研究体系的大力推广，项目管理的应用从传统的军事、航空航天领域逐渐扩展到更多的行业中，如软件开发业、制造业、金融业、保险业、计算机业、电信业等，甚至成为政府和大企业日常管理的重要工具。20 世纪 90 年代后，随着现代科学技术的飞速发展，管理科学领域内部的革新与知识结构重组日益增多，相关理论与方法也不断发展，并日趋成熟。作为管理学的重要分支，项目管理的学科地位已经在国内外被普遍认同，其已成为集多领域知识为一体的综合性交叉学科，被视为一种有生命力且能实现复杂企业目标的良好方法。现在，几乎所有行业和领域都在尝试着将工作任务细分为一个个相对独立的"项目"进行管理和运作。项目管理的应用领域得到空前拓展，电子商务也不例外，从电子商务创业到电子商务运营中各类活动的策划和实施、电子商务平台的研发等，无不融汇着项目管理的知识和技术。

本书在研究传统项目管理的基础上，结合电子商务的特点，介绍了在电子商务领域项目管理的基础知识和应用。

根据不断变化的电子商务项目管理知识，本书按照项目管理的五个阶段作为主线，在有所取舍的基础上，分别按电子商务项目管理基础知识、项目启动、项目实施、项目控制、项目人力资源与沟通管理、项目收尾几个方面全面介绍了电子商务项目管理的知识。

在本书的编写过程中，为能够全面、系统地介绍电子商务项目管理领域的知识和方法，我们参阅了大量的文献资料和论著，利用了部分网络资源，引用了一些专家学者的研究成果和一些公司的案例资料。在此，对这些相关文献资料和论著的作者致以最诚挚的谢意！

本书虽力求完善，然而由于时间仓促和能力有限，书中难免存在不妥及疏漏之处，恳请各位学者、专家和广大读者不吝赐教，以使本书能够不断充实和完善。

本书为揭阳市扬帆计划"十万电商人才培育工程"项目中电子商务人才培训系列丛书之一。为进一步推进揭阳市十万电商人才培训工程，由揭阳市委组织部牵头申报的"十万电商人才培育工程"项目获省"扬帆计划"2016 年专项扶持资金支持。通过竞争性谈判，揭阳职业技术学院中标揭阳市委组织部扬帆计划"十万电商人才培育工程"项目，负责项目具体实施。"十万电商人才培育工程"项目的实施，将进一步完善揭阳市电商人才培训体系，推动全市电商培训机构抱团发展，打造具有全国影响力的电商人才培训基地，为揭阳市乃至整个粤东地区电子商务产业发展提供强有力的电商人才支撑。

　　本电子商务人才培训系列丛书在编写的过程中得到中共揭阳市委组织部、揭阳职业技术学院等单位各领导与同事的大力支持，在此表示衷心感谢。

编　者

目　录

第 1 章

项目管理基础知识

要讨论项目，首先得理解什么是项目，项目的定义和概念可以从许多不同的角度给出，这既可以从项目的投资者、所有者、使用者、实施者和项目的政府监管部门等不同的角度，也可以从不同的专业领域，像建筑、软件开发、管理咨询等角度，以及其他各种各样的角度给出。

项目的兴起，起源于人类组织活动的分化。早在两千多年前，人类社会就有了古老项目的实践存在，如我国长城的筑造、古埃及金字塔的建造等，在古代长时期的项目实践中，并没有形成系统的项目管理知识理论体系，直到 20 世纪初，项目管理学才从现代管理学中逐步诞生出来并得到了迅速的发展。

在 20 世纪 80 年代之前，项目管理主要应用于传统的大型建筑行业，随着社会的发展，现在项目管理的思维和理念已经融入各个行业。在许多行业中，项目开发与项目实施已经成了最主要的社会生产运营方式。例如，在计算机软件业的生产活动中，软件开发项目是主要的生产方式，而软件复制这种传统意义上的生产活动只剩下对于"复制"命令的执行了。这种"复制性"的生产活动不管从生产成本、生产时间，还是生产所付出的努力等各个方面都只占整个软件生产全过程很小的一部分，而软件开发项目在整个软件的生产成本、生产时间和努力等方面都占有很大的比重。同样，在制药业、房地产开发业、管理咨询业、金融业等的行业，当今有些虽然不是全部以项目的形式来实现的，但主要还是依靠项目的形式来实现的。特别是现在，许多新兴知识产业和高科技产业的主要或全部生产都是按照项目的模式开展的，电子商务也不例外，从电子商务创业到电子商务运营中各类活动的策划和实施、电子商务平台的研发等，无不融汇着项目管理的知识和技术。

越来越多的企业、非营利性组织都逐渐地认识到，要想获得成功，就必须熟悉并运用电子商务项目管理技术；个人也逐渐地认识到，要想在社会竞争中保持个人的优势，就必须通过技能的培养，成长为项目团队成员或者项目管理者，充分学习和掌握电子商务项目管理的理论、方法和技能，才能够在现代社会中立足和发展，才能够为企业和社会创造更多的财富。

1.1 项目概述

1.1.1 项目的定义

本书所采用的项目管理的定义是：项目是一个组织为实现既定的目标，在一定的时间、人员和其他资源的约束下，所开展的一种有一定独特性的、一次性的工作。项目是人类社会所特有的一种经济、社会活动形式，是为创造特定的产品或服务而开展的一次性活动。

这里的资源指完成项目所需要的人、财、物等，一定的时间指项目有明确的开始日期和结束日期。

1.1.2　项目目标

1. 项目目标的概念

项目目标包括约束性目标和成果性目标。

项目约束性目标也叫管理性目标，项目成果性目标有时也简称为项目目标。项目成果性目标指通过项目开发出的满足客户要求的产品、系统、服务或成果，例如下面几种：

（1）研发上线一个官方购物平台是一个项目，完成后的购物平台就是该项目的产品。

（2）策划参加一次聚划算平台组织的年中大促销活动也是一个项目，完成后的项目效果就是该项目的产品。

（3）开发一个网上书店也是一个项目，完成后的网上书店就是该项目的产品。

（4）一个 ERP① 系统的实施也是一个项目，完成后的 ERP 系统就是该项目的产品。

（5）进行一场谈判也是一个项目，如果谈判成功，合同就是该项目的成果。

项目约束性目标是指完成项目成果性目标需要的时间、成本以及要求满足的质量。例如要在一年的时间内完成一个电商平台线上项目，同时还要满足验收标准（质量要求）。

项目目标要求遵守 SMART 原则，即项目的目标要求 Specific（具体）、Measurable（可测量）、Agree to（需相关方的一致同意）②、Realistic（现实）、Time-related（有一定的时限）。

2. 项目目标的特性

项目目标具有如下特性：

1）项目目标有不同的优先级

项目是一个多目标的系统，不同目标可能在项目管理的不同阶段根据不同需要，其重要性不一样。例如，在项目的启动阶段，对技术性能可能给予更多的关注；在实施阶段，成本将会成为重点；而时间进度往往是在验收时给予高度的重视。对于不同的项目，关注的重点也不一样，如单纯的电子商务系统平台研发项目，将更多地关注技术指标和软件质量。

当项目管理性目标中的三个基本目标之间发生冲突的时候，成功的项目管理者会采取适当的措施来进行权衡和优选，可能为了保证进度需要减少对质量和成本的关注。其实项目目标的冲突不仅限于三个基本目标，有时项目的总目标体系之间也会难以协调。此时，都需要项目管理者根据目标的优先级进行权衡和选择。

2）项目目标具有层次性

项目目标的层次性是指对项目目标的描述需要有一个从抽象到具体的层次结构。即一个项目目标既要有最高层的战略目标，又要有较低层次的具体目标。通常是把有明确确定的项目目标按其意义和内容表示为一个层次结构，而且越低层次的目标应该描述得越清晰具体。

实践中，往往清晰确定的某一层次目标，就有可能直接作为初步的项目范围基准，为进

---

① ERP：Enterprise Resource Planning 的简称，即企业资源计划。

② 这一条，有的资料显示为 A（Achievable），即可完成性。

一步划分范围提供直接有效的依据。

对项目目标的描述应是一项非常重要的工作，其描述一般包含在项目建议书中。电商运营项目的目标一般由企业的投资人或项目的分管领导来确定，有时还需要合作方来参与确定。

项目目标的确定需要一个过程，而且确定的项目目标需要被项目团队各层次的管理人员了解。特别是项目经理，应该对项目目标的确定有正确的理解。原因很简单——项目经理不但是项目的管理者，还是项目的领导者，直接把握和控制项目的发展方向。

项目通常是实现组织战略计划的一种手段。

1.1.3　项目的特性

不同专业领域中的项目在内容上不尽相同，也各自都有自己的特性。但是从本质上说，项目具有一些共同的特性。项目的这些共同特性可以概括如下：

1. 目的性

每个项目都应该有一个明确的目标，该目标应该是根据组织目标而确定的项目的目标，项目的目标包含两层意思：一个是任务的内容；另一个是任务应该达到的质量。例如，一个电子商务营销方案的目标可能是在 3 个月内，以 100 万元的经费预算，把一款新的产品在阿里平台上打造成为爆款，实现销售额 500 万元的营业目标。这个目标主要指的是任务在内容方面的目标，如果考虑任务的质量目标，在活动中，还得考虑 PV（页面浏览量）订单量、单价等系列指标。

2. 独特性

每一个项目都有自身独特的成分，也就是说，现实中，没有任何两个项目是完全相同的。就像哲学上说的，人不能两次踏入同一条河流。项目的这种独特性意味着每一个项目都是一次全新的努力，不能完全照搬另外一个项目的内容、方式方法和技术手段来完成，作为项目经理，需要创造性地解决项目中所遇到的各类问题。

3. 一次性

项目的一次性（也称为"临时性"）是指每一个项目都有自己明确的时间起点和终点，都有一个开始、有一个结束（不是不断重复、周而复始的），这是跟那些常规工作所不同的地方，那些常规工作，比如说每周部门的例会、公司各部门的日程运营等，是一种周而复始、不断重复的工作，不具有项目的特征。项目的起点是项目开始的时间，项目的终点是项目的目标已经实现，或者项目的目标已经无法实现，从而中止项目的时间。项目的一次性与项目持续时间的长短无关，不管项目持续多长时间，一个项目都是有始有终的。例如，开发一个电商的微信公众号平台，要实现各种具体功能，有可能开发时间会比较长，但是一定会有一个截止时间，也就是终点。这就是项目的一次性特性。

4. 组织性

一个项目涉及的各方人员有很多，所以一个项目必须有一个主要方或者项目发起人，以便于协调项目涉及的各方利益冲突，实现项目内各类资源的优化配置和承担项目的主要责任，在整个项目的实施过程中，项目经理是整个项目组中协调、控制的关键，一个项目涉及的专业领域往往十分广泛，项目经理不可能是每个领域的专家，在项目管理的过程中，其只能扮演协调、控制的角色，协调各专家、人员共同确定项目的目标、时间、经费、工作质量标准等。

5. 风险性

因为每个项目都是独一无二的，所以项目在发展过程具有一定程度的不确定性，这些不确定性将为项目的实现带来一定的风险，这些风险包括成本风险、技术风险、质量风险和进度风险，甚至还会存在项目失败的一些潜在风险。这种风险性是项目管理富于挑战性的主要原因之一，尤其是那些涉及新技术的项目。

1.1.4　项目与日常运营

1. 运营的定义

运营也叫日常业务，它是一个组织内重复发生的或者说经常性的事务，通常由组织内的一个业务部门来负责。例如物业公司的管道疏通业务就属于日常运营，因管道堵塞经常发生，尽管每一次客户的求助都可以认为是一个简单的项目，但这些项目太过简单，也不用制定专门的计划，只要问清堵塞的症状、位置、家庭住址，预约维修时间，然后派发维修单派人上门服务，服务完后让客户签单付款即可。

2. 运营与项目有许多共同特征

（1）需要由人来完成。

（2）受制于有限的资源。

（3）需要进行计划、执行和控制等。

3. 项目和运营的主要区别

运营是具有连续性和重复性的，而项目则是临时性的和独特的。值得关注的是，项目中的有些过程也具有重复的特性，但此种过程的重复特性是从属于项目的，不同于日复一日的重复性日常工作。

项目目标与运营的目标有根本区别。一个项目的目标是要达到这一目标从而结束项目；相反，持续进行的运营的目标是为了维持这一业务。当确定的目标实现后，项目就会终止，而运营通常会选定新的目标并继续进行工作。

组织的各个层次都可以承担项目工作，可以只有一个人参与项目，也可以有几千人参与项目。项目的持续时间从几周到几年不等。项目可以涉及一个或多个组织部门，例如联合投资者或合作伙伴。可以这样理解，凡是在组织现行的框架内日常运营之外的、符合项目定义的工作都可以按项目来进行管理。

1.1.5　项目管理的定义及其知识范围

1. 项目管理的定义

项目管理是指在项目活动中综合运用知识、技能、工具和技术，在一定的时间、成本、质量等要求下来实现项目的成果性目标。项目管理是快速开发满足客户和用户需求的新产品的有效手段，是快速改进已有的设计及已投放市场的成熟产品的有效手段。

项目管理的目标一般包括如期完成项目以保证用户的需求得到确认和实现，在控制项目成本的基础上保证项目质量，妥善处理用户的需求变动。为实现上述管理目标，企业在项目管理中应当采用成本与效益匹配、技术先进、充分交流与合作等原则。

传统观念认为，时间、成本和质量是制约项目成功的三约束；也有的观点认为，项目成功的三约束是范围、时间和成本。实际上，一个项目应保证最低的质量要求，但还要受到范围、时间和成本的影响，所以最新的观点认为，项目成功受到范围、时间、成本和质量4个方面的约束，也叫四维约束。

2. 项目管理的范围

项目管理通过执行一系列相关的过程来完成，这些过程分布在核心知识域、保障域、伴随域和过程域中。值得注意的一点是，在实际工作中，项目管理的很多过程是重叠的和交互的。

核心知识域包含整体管理、范围管理、进度管理、成本管理、质量管理和信息安全管理等。

保障域包含人力资源管理、合同管理、采购管理、风险管理、资料管理、知识产权管理、法律法规标准规范和职业道德规范等。

伴随域包含变更管理和沟通管理等。

过程域包含科研与立项、启动、计划、实施、监控和收尾等，而其中的监控过程则可能发生在项目生命周期的任何一个阶段。

1.1.6 项目管理需要的专业知识和技术

许多管理项目的技术和工具对于特定的项目管理来说是独特的，例如工作分解结构（Work Breakdown Structure，WBS）、关键路径分析和挣值管理。然而，对于管好一个具体的项目来说，单纯具有这些项目管理专有的知识是不够的。有效的项目管理要求项目管理团队至少能理解和使用以下6个方面的专门知识：

（1）项目管理知识体系。

（2）项目应用领域的知识、标准和规定。

（3）项目环境知识。

（4）通用的管理知识和技能。

（5）软技能或人际关系技能。

（6）经验、知识、工具和技术。

这6个方面看起来是独立的，但又有交叉，没有一个方面是独立存在的。有效的项目团队会将它们整合到项目的方方面面。对于项目团队成员来说，没有必要要求所有人在这6个方面都是专家。实际上，对于任何一个人来说，也不太可能具有项目所需要的所有知识和技能。

1. 项目管理知识体系

项目管理知识体系描述了对于管理项目所需的管理知识，这些知识中的某些部分也可能出现在其他管理领域，因此项目管理知识体系与其他管理领域有重叠的部分。美国项目管理协会发布的《项目管理知识体系指南》（即PMBOK指南）就是项目管理知识领域中的一个子集：项目管理知识体系，如图1-1所示，这个体系介绍了项目的生命期、项目管理的5个过程以及项目管理的9个知识领域。在PMBOK指南中，只介绍了管理项目所需的通用的管理过程，因此这些管理过程是跨行业的。要想把某个具体行业的项目管好，还需要这个行业的技术过程和业务过程，以及上面提到的其他知识。例如要想把一个医院的MIS（管理信息系统）管好，需要了解项目管理的管理过程，需要了解医院的工作流程和业务需求，也需要了解如需求调研分析、总体设计这样的 IT 专业技术过程，更应该知道该项目的阶段划分和管理重点。

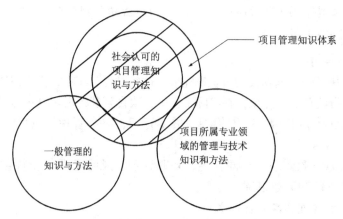

图 1-1　项目管理团队需要的专业知识领域

2. 应用领域的分类、标准和规定

1) 分类

我们把项目按应用领域进行分类，同一应用领域的项目具有一些公共元素，这些公共元素对于某些项目来说是重要的元素，但并不是对于所有项目都是必需的。应用领域通常根据如下几个方面来确定：

（1）职能部门和支持领域，如法律、产品和库存管理、市场营销、后勤和人事等。

（2）技术因素，如软件开发、水利和卫生工程、建筑工程等。

（3）管理专业领域，例如政府合同、地区开发和新产品开发等。

（4）工业组织，如汽车、化工、农业和金融服务等。

2) 标准和规定

每个应用领域通常都有一系列公认的标准和实践，经常以法规的形式成文。国际标准化组织（International Organization for Standardization，ISO）是这样区分标准和法规的（ISO/IEC Guide，1996）：

（1）标准是"一致同意建立并由公认的机构批准的文件，该团体提供通用的和可重复使用的规则、指南、活动或其结果的特征，目的是在特定的背景下达到最佳的秩序。"一些标准的例子，如银行卡的大小、鞋子或衣服的尺码等。

（2）法规是政府强制的要求，它制定了产品、过程或服务的特征，包括适用的管理条款，并强制遵守。快递法规是法规的一个例子。

标准和法规之间有很大的一块灰色区。例如标准通常以描述一项为多数人选用的最佳方案的准则形式开始，然后随着其得到广泛的采用，变成了实际的法规。

要管好一个电子商务项目，管理者除需要掌握项目管理的知识体系之外，还需要了解相应的电子商务知识、系统平台环境与操作、项目所涉及产品的行业知识，等等。

3. 理解项目环境

项目的开展不是在真空中进行的，它存在于一个具体的社会、政治和自然环境背景下。

1）社会环境

项目团队需要理解项目如何影响人以及人们如何影响项目。这要求对项目所影响的人群或对项目感兴趣的人群的经济、人口、教育、道德、种族、宗教和其他特征有所理解。项目经理应该调查组织文化并确定项目管理是否被认为是一项正当的职业。

2）政治环境

项目团队的一些成员可能需要熟悉影响项目的一些适用的国际、国家、地区和本地的法律、风俗和政治风气。

3）自然环境

如果项目会影响到自然环境，那么团队的一些成员就应该对影响项目或被项目所影响的当地的生态和自然地理非常了解。

4. 一般的管理知识和技能

一般的管理知识和技能包括计划、组织、执行和控制一个正在运行的企业所需要的知识和技能。它包括一些支持性的学科，如下所示：

（1）财务管理和会计。

（2）购买和采购。

（3）销售和营销。

（4）合同和商业法律。

（5）生产和分配。

（6）仓储和供应链。

（7）战略计划、战术计划和运营计划。

（8）组织结构、组织行为、人事管理、薪资、福利和职业规划。

（9）健康和安全保障。

一般的管理知识提供了很多构建项目管理技能的基础，通常说来，它们对于项目经理都是很重要的。对于任何一个特定的项目来说，许多通用管理领域的技能都是必需的。

5. 软技能

软技能包括人际关系管理。软技能包含以下几项：

（1）有效地沟通，即有效地交流信息。

（2）对组织施加影响，即"让事情办成"的能力。

（3）领导能力，即形成一个前景和战略并组织人员实现它的能力。

（4）激励，就是激励相关人员达到高水平的生产率并克服变革的阻力。

（5）谈判和冲突管理，就是与其他人谈判取得一致或达成协议。

（6）解决问题，就是首先界定问题、明确问题，然后作出决策并解决问题。

1.1.7　项目管理学科的产生和发展

1. 项目管理学科的产生

古代埃及建筑的金字塔、古代中国开凿的都江堰和修筑的万里长城等许多古代建筑工程，人们都可以认为是人类祖先完成的一个个项目。有项目，就必然会存在项目管理的问题。古代对项目的管理还只是凭借优秀建筑师个人的经验、智慧，依靠个人的才能和天赋，还谈不上科学的标准。

近代项目管理随着管理科学的发展而发展起来。1917年，亨利·甘特发明了著名的甘特图，用于车间日常工作安排，经理们按日历徒手画出要做的任务图表。20世纪50年代后期，美国杜邦公司的路易斯维化工厂创造了关键路径法（Critical Path Method，CPM），用于研究开发、生产控制和计划编排，结果大大缩短了完成预定任务的时间，并节约了10%左右的投资，取得了显著的经济效益。同一时期，美国海军在研究开发北极星号（Polans）潜水舰艇所采用的远程导弹F. B. M的项目中开发出了计划评审技术（Program Evaluation and Review Technique，PERT）。计划评审技术的应用使美国海军部门顺利解决了组织、协调参加这项工程的遍及美国48个州的200多个主要承包商和11 000多个企业的复杂问题，节约了投资，缩短了约两年工期，缩短工期近25%。其后，随着网络计划技术的广泛应用，该项技术可节约投资的10%~15%，缩短工期15%~20%。

现代项目管理科学便是从上述技术的基础上迅速发展起来的，融合了后来发展起来的工作分解结构（Work Breakdown Structure，WBS）、蒙特卡罗（Monte Carlo）模拟技术和挣值（Eamed Value，EV）管理分析技术，形成了一门关于控制项目成本、时间、人力资源等的管理科学。

20世纪80年代，在世界范围内又出现了新的形势，全球性的生产能力开始形成，现代项目管理逐步发展起来。项目管理快速发展的原因主要有以下几点：

1）适应现代产品的创新速度

现代产品的创新日新月异。

2）当前的世界经济正在进行全球范围的结构调整

这使得各个企业需要重新考虑如何进行业务的开展，如何赢得市场，赢得消费者。抓住经济全球化的发展机遇，最重要的就是创新。为了具有竞争能力，各个企业不断地降低成本，加速新产品的开发速度。为了缩短产品的开发周期，缩短从概念到产品推向市场的时间，提高产品质量，降低成本，必须围绕产品重新组织人员，将从事产品创新活动、计划、工程、制造、销售等人员组织到一起，从产品开发到市场销售全过程，形成一个项目团队。

3）适应现代复杂的项目系统

项目管理的吸引力在于，它使企业能处理需要跨领域解决方案的复杂问题，并能实现更高的运营效率。可以根据需要把一个企业的若干人员组成一个项目团队，这些人员可以来自不同的职能部门，与传统的管理模式不同，项目管理不是通过等级命令体系来实施的，而是通过所谓"扁平化"的结构来实现的。其最终目的是让企业或机构能够按时地在预算范围内实现其目标。

4）适应以用户满意为核心的服务理念

传统的项目管理三大要素分别是满足时间、成本和质量指标。评价项目成功与否的标准也就是这三个条件的满足与否。除此之外，现在最能体现项目成功的标志是客户和用户的认可与满意。使用户满意是现今企业发展的关键要素，这就要求加快决策速度，给职员授权。项目管理中项目经理的角色从活动的指挥者变成了活动的支持者，他们尽全力使职员尽可能有效地完成工作。

正是由于上述工程界和学术界不懈地努力，项目管理已形成从经验上升为理论，并与实际结合的一门现代管理学科。

2. IPMA 和 PMI

1）IPMA 和 IPMP

国际项目管理协会（International Public Management Association，IPMA）创建于 1965 年，最初的成员多为欧洲国家，现已扩展到世界各大洲。目前 IPMA 由来自英国、法国、德国、俄罗斯和中国等 30 多个国家的项目管理专业组织组成。这些国家的组织用本国语言和英语开发本国项目管理的专业需求，IPMA 则以国际上广泛接受的英语作为工作语言来提供有关国际层次的服务。

国际项目管理资质标准（IPMA Competence Baseline，ICB）是 IPMA 建立的知识体系。IPMA 在 1998 年确认了 IPMA 项目管理人员专业资质认证全球通用体系（ICB）的概念，并决定在所有的会员国逐步实施 IPMA 审定的四级认证计划。

在 ICB 体系的知识和经验部分，IPMA 将其知识体系划分为 28 个核心要素和 14 个附加要素，如表 1 - 1 所示。

表 1 - 1　ICB 的 28 个核心要素和 14 个附加要素

核心要素		附加要素
1）项目和项目管理	15）资源	1）项目信息管理
2）项目管理的实施	16）项目费用与融资	2）标准和规范
3）按项目进行管理	17）技术状态与变化	3）问题解决
4）系统方法与综合	18）项目风险	4）项目后评价
5）项目背景	19）效果度量	5）项目监督与监控
6）项目阶段与生命期	20）项目控制	6）业务流程
7）项目开发与评估	21）信息、文档与报告	7）人力资源开发
8）项目目标与策略	22）项目组织	8）组织的学习
9）项目成功与失败的标准	23）团队工作	9）变更管理
10）项目启动	24）领导	10）项目投资体制
11）项目收尾	25）沟通	11）系统管理
12）项目结构	26）冲突与危机	12）安全、健康与环境
13）范围与内容	27）采购与合同	13）法律与法规
14）时间进度	28）项目质量管理	14）财务与会计

国际项目管理专业资质认证（International Project Management Professional，IPMP）是 IPMA 在全球推行的四级项目管理专业资质认证体系的总称。IPMA 依据国际项目管理专业资质标准，针对项目管理人员专业水平的不同将项目管理专业人员资质认证划分为如下 4 个等级：

（1）A 级（Level A）证书是认证高级项目经理。

（2）B 级（Level B）证书是认证项目经理。

（3）C 级（Level C）证书是认证项目管理从业人员。

（4）D 级（Level D）证书是认证项目管理助理员。

2）PMI 和 PMP

美国项目管理学会（Project Management Institute，PMI）成立于 1969 年，是一个有着近 10 万名会员的国际性学会。它致力于向全球推行项目管理，是由研究人员、学者、顾问和经理组成的庞大的全球性项目管理专业组织。

项目管理的知识体系（Project Management Body of Knowledge，PMBOK）是 PMI 在 20 世纪 70 年代末提出的，并于 1991、1996、2000、2004 年进行了 4 次修订，同时 PMI 严格按照 ISO 的更新要求，每四年更新一次 PMBOK，目前已经出版了 2000 年的第 2 版、2004 年的第 3 版、2008 年的第 4 版、2012 年的第 5 版。最新的第 6 版于 2017 年 3 月正式出版，2018 年第 1 季度正式启用。在这个知识体系指南中，把项目管理划分为 5 个管理过程和 9 个知识领域，如表 1-2 所示。

表 1-2　PMBOK2004 知识领域与管理过程

知识领域	启动	计划编制	执行	监控	收尾
项目综合管理	制定项目章程 制定项目初步范围说明书	制定项目管理计划	指导与管理项目执行	监控项目工作 整体变更控制	项目收尾
项目范围管理		范围计划 范围界定 制作工作分解结构		范围核实 范围控制	
项目时间管理		活动界定/排序 活动资源估算 活动时间估算 编制进度表		进度控制	
项目成本管理		成本估算/预算		成本控制	
项目质量控制		质量规划	质量保证	质量控制	
项目人力资源管理		人力资源规划	人员招聘 团队建设	项目团队管理	
项目沟通管理		沟通规划	信息分发	绩效报告 相关利益者管理	
项目风险管理		风险管理规划 风险识别 风险定性/定量分析 风险应对规划		风险监控	
项目采购管理		采购/发包规划	询价 供方选择	合同管理	合同收尾

国际标准化组织以 PMBOK 为框架，制定了 ISO10006 关于项目管理的标准。

PMP（Project Management Professional）指项目管理专业人员资格认证。目前，PMP 认证只有一个级别，对参加 PMP 认证学员资格的要求与 IPMA 的 C 级相当。

3. 项目管理学科的发展

作为新兴的学科，项目管理来自工程实践，因此，项目管理既有理论体系，又最终用来指导各行各业的工程实践。在这个反复交替、不断提高的过程中，项目管理作为学科在其应用的过程中，要吸收其他学科的知识和成果。另外，项目管理作为方法论，要结合各行各业工程的实际，为各行各业的工程建设作出贡献。

从理论上来讲，上述的 PMBOK 和 ICB 仅局限在项目管理的管理过程，要想用它们来成功地完成项目，还必须结合相关行业的知识、相关单位的业务，结合具体项目的特点，采用流程管理的方法，发挥团队的积极性，项目才有可能成功。

在管理项目的过程中，至少涉及建设方、承建方和监理方三方，要想把项目管好，这三方必须对项目管理有一致的认识，遵循科学的项目管理方法，这就是"三方一法"。只有这样，三方步调才能一致，避免无谓的纠纷，协力把项目完成。

项目管理学科的发展像任何其他学科的发展一样，其成长和发展需要一个漫长的过程，而且是永无止境的。分析当前国际项目管理的发展现状，有三个特点，即全球化的发展、多元化的发展和专业化的发展。

4. 项目管理在中国

1）项目管理在中国的起步

一般认为在 20 世纪 60 年代由数学家华罗庚引入的计划评审技术、网络计划与运筹学相关的理论体系，是我国现代项目管理理论第一发展阶段的重要成果。

1984 年的鲁布革水电站项目，是利用世界银行贷款的项目，并且是我国第一次聘请外国专家采用国际招标的方法，运用项目管理建设的水利工程项目。项目管理的运用，大大缩短了工期，降低了项目造价，取得了明显的经济效益。

随后在二滩水电站、三峡水利枢纽工程、小浪底工程和其他大型工程建设中，都相应采用了项目管理这一有效手段，并取得了良好的效果。

1991 年，我国成立了项目管理研究委员会，随后出版刊物《项目管理》，建立了许多项目管理网站，有力地推动了我国项目管理的研究和应用。

我国虽然在项目管理方面取得了一些进展，但是与发达国家相比，还有一定的差距。统一的、体系化的项目管理思想还没有得到普及和贯彻，目前承建方和监理方的项目管理水平有很大的进步，而建设方的项目管理意识和水平还有待提高。

2）中国项目管理的发展现状

从华罗庚引进统筹学以来的 40 年间，中国项目管理无论从学科体系上还是实践应用上，都取得了突飞猛进的发展。

在项目管理的应用实践中，项目管理工作者们感觉到，虽然大家从事的项目类型不同，但是项目管理仍有一些共同之处，因此就自发组织起来共同探讨这些共性主题，如项目管理过程中的范围管理、时间管理、费用管理、质量管理、人力资源管理、沟通管理、风险管理、采购管理及综合管理，等等，这些领域的综合就形成了 PMBOK。1987 年 PMI 公布了全球第一个 PMBOK，1996 年及 2000 年又两度进行了完善。国际项目管理协会（IPMA）在 PMBOK 方面也作出了卓有成效的工作，IPMA 从 1987 年就着手进行"项目管理人员能力标准"的开发，在 1999 年正式推出了 ICB，即 IPMA Competency Baseline，在这个能力标准中，IPMA 把个人能力划分为 42 个要素，其中有 28 个核心要素、14 个附加要素，当然还有关于个人素质的 8 大特征及总体印象的 10 个方面。

基于以上两个方面的发展，PMRC（中国项目管理研究委员会）建立了适合我国国情的中国项目管理知识体系（Chinese Project Management Body of Knowledge，C-PMBOK）。C-PM-BOK 的研究工作开始于 1993 年，1994 年由 PMRC 常务副主任、西北工业大学钱福培教授负责的课题组向国家自然科学基金委员会提出立项申请，并获准正式开始了"我国项目管理知识体系结构的分析与研究"。在此基础上，PMRC 成立了专家小组负责起草 C-PMBOK，于 2001 年 5 月正式推出了《中国项目管理知识体系》，并建立了符合中国国情的《国际项目管理专业资质认证标准》（C-NCB）。C-PMBOK&C-NCB 的建立标志着中国项目管理学科体系的成熟。

与其他国家的 PMBOK 相比较，C-PMBOK 的突出特点是以生命周期为主线，以模块化的形式来描述项目管理所涉及的主要工作及其知识领域。基于这一编写思路，C-PMBOK 将项目管理的知识领域共分为 88 个模块。由于 C-PMBOK 模块结构的特点，使其具有了各种知识组合的可能性，特别是对于结合行业领域的和特殊项目管理领域知识体系的构架非常实用。

建筑工程和国防工程是我国最早应用项目管理的行业领域，然而随着科技的发展、市场竞争的激烈，项目管理的应用已经渗透到各行各业，软件、信息、机械、文化、石化、钢铁等各种领域的企业更多地采用了项目管理的管理模式。不过，电子商务领域采用项目管理的知识目前还没有形成一个体系，或许与电子商务过去更多侧重于运营有关，但由于电子商务更新的速度快，一家企业要想有所突破，更多地采用项目管理的知识是大势所趋。

项目的概念从原有工程项目的领域相比已有了新的含义，一切皆项目，按项目进行管理成为各类企业和各行各业发展的共识。

一方面，中国项目管理为了适应日益交往的国际需要，必须遵守通用的国际项目管理规范，像国际承包中必须遵守的 FIDIC（国际咨询工程师联合会）的条款及各种通用的项目管理模式；另一方面，中国项目管理的应用也促使中国政府出台相应的制度和规范，像建设部关于项目经理资质的要求以及关于建设工程项目管理规范的颁布等都是规范化和制度化的体现。

不同的行业领域都相应地出台了相应的项目管理规范，如招投标法规的实施就大大促进了中国项目管理的规范化发展。

项目管理学科发展与其他管理学科发展的最大特点是其应用层面上的差异，项目经理与项目管理人员更多的是从事各行各业技术的骨干。

项目经理通常要花 5~10 年的时间，甚至需要付出昂贵的代价后，才能成为一个合格的管理者。基于这一现实及项目对企业发展的重要性，项目管理的非学历教育走在了学历教育的前头，在中国这一现象尤为突出，目前各种类型的项目管理培训班随处可见。这一非学历教育的发展极大地促进了学历教育的发展，国家教委已经在清华大学等多所学校试点了项目管理本科教育，项目管理方向的硕士和博士在许多学校已经开始培养。

在我国，项目管理资质认证的工作最早应起源于建设行业推广项目法施工的结果，1991年建设部就提出要加强企业经理和项目经理的培训工作，并将项目经理资格认证工作纳入企业资质管理。经过 10 多年的发展，全国已有 80 万名项目经理通过培训，有超过 50 万人取得了项目经理资格证。这应该说是国际上通过人数最多的一种项目管理资质认证。2000 年 PMI 推出的 PMP 登录中国，在我国掀起了项目管理应用的热潮，2001 年 IPMA 的 IPMP 在 PMRC 的推动下正式登录中国，掀起了我国项目管理认证的高潮。IPMP 是一种符合中国国情，同时又与国际接轨的国际项目管理专业资质认证，在中国获得 IPMP 证书，同时也获得世界各国的承认。短短的一年多时间，就有超过 4 000 人参加了 IPMP 认证，有超过 1 600 人获得了相应级别的证书。2002 年劳动保障部正式推出了"中国项目管理师（CPMP）"资格认证，标志着我国政府对项目管理重要性的认同，项目管理职业化方向发展成为必然。

3）中国项目管理发展的趋向

1984 年，我国首次采用国际招标建设鲁布革水电站，取得良好的经济效益，此后，建设部、电力部、化工部等相继开展了承包商项目经理制度。现在，项目管理早已走出了工程建造业，IT、医药、金融、机械、服务等行业都成为项目管理的发展领域。

项目管理在各行各业的应用及多元化发展，必然出现行业项目管理的新需求，公用的项目管理方法体系需要结合行业项目的特色进行充实与完善，类似工程项目管理、国防项目管理、IT 项目管理、研发项目管理，甚至像软件项目管理、产品研制项目管理等更细化的应用领域的项目管理研究将日益普及。

由于越来越多的企业发现，自己多达 50% 的工作以项目的形式进行，于是企业采用专业化的项目管理在新产品研究开发、市场营销、技术创新、产品产业化升级及新产品生产线更新等方面的卓越表现超越了对项目进行管理的本身，而上升为一种企业管理思想和操作化模式，这种企业管理思想模式在实际工作中被人们称为企业化项目管理或企业管理的项目化（EPM）发展。

摩托罗拉在 20 世纪 90 年代就启动了一个旨在改善其项目管理能力的计划，在其内部广泛推行项目管理方法。将企业中一次性的，具有明确目标、预算和进度要求的，多任务的活动视为项目，并按项目的专业化技术和方法进行管理，从而比常规方法更好更快地实现目标是企业管理项目化得以发展的根本基础。企业按照项目的复杂程度、管理范围将项目可分为三个级别，分别是企业级、部门级和小组级，按照项目的性质和创新程度又可分为保持、改善和创新三类，从而形成了各种类型的企业项目。项目化管理的特点是突破原有职能业务型的组织形式，以创新为导向，强调什么可以改变，而不是约束导向，强调不能改变什么，培养企业的创新型文化。

天津天士力制药公司是我国在企业内全面推行项目化管理最早的企业，通过项目化的实施，使员工学会了相互沟通和协作的团队精神，培养了一批初级的项目管理经理。不分职务、等级的项目讨论的方式，营造出了一种以人为本、尊重人、鼓励创新的团队文化，涌现出了上百个有价值的技术和工艺改进项目，同时降低了劳动时间，进一步提高了生产效率。

项目管理是一项技术性非常强的工作，要符合社会化大生产的需要，项目管理必须标准化、规范化。没有哪一套项目管理体系可以适合所有的企业，企业项目管理的发展要求企业必须建立符合自身特点的项目管理体系。未来项目管理在应用发展中，企业项目管理体系的建立将是企业项目管理工作者和项目管理研究者共同探讨的主题。我们应在全面总结、吸收国外诸如朗讯、IMB（国际商业机器公司）、波音、ABB（电气传动公司）等著名企业项目管理体系建设框架的基础上，建立符合中国企业特色的项目管理体系。

随着项目管理应用的普及及企业化项目管理的发展，项目管理的职业化及专业化发展就成为必然，就像现在出现了越来越多的职业经理人一样，未来职业项目管理者及职业项目经理会越来越多。

项目管理职业化发展使得人们在企业中的职业发展有了更多的选择余地和发展空间，员工可以从负责一个小小的项目开始，慢慢成长，到后来负责一个中等规模，甚至负责影响企业未来发展的大项目。

更多企业员工追求的不再是数量有限的部门经理，而是有广阔前景的、具有较大成长空间的、无限的大大小小的项目管理者。广泛开展的项目管理资质认证将更有助于项目管理的职业化和专业化发展。

作为以应用为主的项目管理，未来的发展将更加注重实用性，注重行业的扩展，注重全面化的项目管理解决方案。

1.1.8　项目经理应该具备的技能和素质

1. 对项目经理的一般要求

项目经理需要有丰富的实践经验和相应的理论知识才能管好项目。

一个合格的电子商务项目经理，至少应当具备如下的素质：

1）足够的知识

电子商务项目经理所需要的知识包括 3 个部分：

（1）项目管理：包括项目管理的理论、方法论和相关工具。

（2）电子商务专业的相关知识。

（3）其他必要的知识。

2）丰富的项目管理经验

经历强调的是已经做过的事情，或者更直接地说就是使用知识的过程。因此它同样包括三个方面的经验：项目管理、电子商务行业和其他必要的知识。

3）良好的协调和沟通能力

在管理一个项目的过程中，80% 的工作需要沟通完成，因此要管好一个项目，就需要项目经理有良好的沟通能力。

4）良好的职业道德

项目管理是一个职业，需要从业者有良好的职业道德。

5）一定的领导和管理能力

项目经理是通过领导项目团队、按照项目管理的方法来管理项目的。自然需要项目经理有一定的领导能力，包括明确共同目标、决策、激励、博采众长、解决问题、化解冲突，等等。

对于技术出身的项目经理而言，在独立管理一个项目之前，要完成从一个技术人员到一个管理人员的观点转变。

2. 对优秀项目经理的要求

做一个项目经理很容易，但是要做一个优秀的项目经理就有些难了。一个好的项目经理能够使项目完成得很出色，把客户的满意度提到最高。那么，怎样才能成为一个优秀的项目经理呢，以下是一些建议：

1）真正理解项目经理的角色

项目经理首先是一个管理岗位，但是也要了解与项目有关的技术、客户的业务需求及其相关的业务知识等。因此项目经理要避免两个极端：一种是过分强调项目经理的技术能力，认为项目经理应该是团队中技术最强的人；另一种则是过分强调项目经理的领导管理能力，认为项目经理的主要任务就是领导、管理以及协调整个项目团队，对技术一点也不用知道。

2）领导并管理项目团队

在项目的实施中，必须建立一套切实可行的项目管理制度，同时要严格执行制度，做到奖罚及时、分明。

为了构建一个和谐的团队，项目经理必须让项目团队明确项目目标、培养培训队员、充当队员的顾问和教练、解决冲突、推进项目的全面开展。

3）依据项目进展的阶段，组织制订详细适宜的项目计划，监控计划的执行，并根据实际情况、客户要求或其他变更要求对计划的变更进行管理

项目经理首先要带领项目团队作出一个科学的、切合实际情况的项目管理计划。计划的特点是：远期计划较粗、近期计划较细、计划一定得有切实的根据。一旦计划经相关方同意后，就要积极执行。在执行过程中，要对计划和实际完成情况进行检查和监控。在推进项目的过程中，注意沟通和协调，以便顺利地完成项目的要求。

1.1.9　项目干系人

1. 项目干系人的定义

项目干系人是指那些积极参与项目，或是其利益会受到项目执行的影响，或是其利益会受到项目结果影响的个人和组织，他们也可能会对项目及其结果施加影响。项目干系人也叫"项目利益相关者""项目利害关系者"；项目干系人是最常用的叫法。项目管理团队必须明确项目的干系人，确定其需求，然后对这些需求进行管理和施加影响，确保项目取得成功。

项目管理团队必须识别项目干系人，确定其需求期望，然后对这些期望进行管理并施加影响，以确保项目的成功。

项目干系人在具体的项目中可能会有不同的职责和权限。其范围可以从偶然参与调研和核心小组到为项目提供财政和政治支持的项目发起人。忽视项目干系人，可能会对项目目标的成功造成破坏性的影响。

2. 项目干系人的构成

每个项目的关键干系人除客户和用户外，还包括如下一些人：

（1）项目经理：负责管理项目的人。

（2）执行组织：指其员工最直接参与项目工作的单位。

（3）项目团队成员：执行项目工作的群体。

（4）项目发起人：为项目分配资金或实物等财力资源的个人或组织。有一位良好的项目发起人是项目成功的一个关键因素，他有助于项目目标的集中，为团队搬走主要的绊脚石，企业高层作为项目发起人尤其如此。他们还需要作出坚定的决策支持开发队伍。项目发起人的责任之一是选择项目。大多数组织都有一个选择标准，组织将会进行一次可行性研究，以确定项目是否可以做。一般来讲，高层管理人员负责选择项目经理。同时，一旦职能经理看到高级管理人员对项目感兴趣，他们更容易对项目团队的要求给予支持。

（5）职能经理：在一个单位内，职能经理为项目经理提供专业技术支持，职能经理的职责之一是为项目提供及时和合格的资源（包括人力资源）。在一个单位内，职能经理常常是一个职能部门的"部门经理"。项目管理并非一定要设计成一个统一的指挥体系，而往往是要在项目经理和职能经理之间分享权力和职责。项目经理计划、指挥和控制项目，而职能经理负责专门的技术工作。处理好项目经理同职能经理的关系，使双方能更有效地协调、利

用资源，往往是项目成功的关键。

（6）影响者：不直接购买或使用项目产品的个人或团体，但其在客户组织内的地位可能正面或负面地影响项目的进程。

（7）项目管理办公室（Project Management Office，PMO）：如果执行组织内设有项目管理办公室的话，则其直接或间接地对项目结果负有责任。

除此之外，还有很多不同名称和类别的项目干系人，包括内部和外部、卖方和供应商、团队成员及其家庭、政府机构和媒体、公民个体等，范围最大时包括整个社会。有时项目干系人的角色和职责可能会重叠，但最好不要重叠。

项目经理必须重视项目干系人的期望（目标），因为项目干系人经常会有相互不同甚至是冲突的目标。

例如：对于一个新的电子商务项目而言，提出申请的部门经理要求效益最大化，供货商希望能得到更高的报价，客户却只希望买到性价比最高的产品。

通常，解决项目干系人之间的不同意见应该以使客户满意为主。但是，这并不意味着可以忽视其他项目干系人的要求和期望。找到对分歧的恰当解决方案，是对项目经理主要的挑战。

1.2　电子商务项目管理

1.2.1　电子商务

电子商务是利用计算机技术、网络技术和远程通信技术，实现电子化、数字化、网络化和商务化的整个商务过程。电子商务在不同国家或不同的领域有不同的定义，较为普遍的认识是，可以将电子商务划分为广义和狭义的电子商务。

广义的电子商务是指使用各种电子工具从事商务活动；狭义的电子商务是指主要利用Internet从事商务或活动。无论是广义的还是狭义的电子商务概念，电子商务都涵盖了两个方面：一是离不开互联网这个平台，没有了网络，就称不上电子商务；二是通过互联网完成的是一种商务活动。

更为具体地说，狭义的电子商务是指通过使用互联网等电子工具（这些工具包括电报、电话、广播、电视、传真、计算机、计算机网络、移动通信等）在全球范围内进行的商务贸易活动。可见，狭义的电子商务是以计算机网络为基础所进行的各种商务活动，包括商品和服务的提供者、广告商、消费者、中介商等有关各方行为的总和。人们一般理解的电子商务是指狭义的电子商务。

电子商务的关键是依靠电子设备和网络技术进行的商业模式，随着电子商务的高速发展，它已不仅仅包括其购物的主要内涵，还应包括物流配送等附带服务。电子商务包括电子货币交换、供应链管理、电子交易市场、网络营销、在线事务处理、电子数据交换（EDI）、仓储管理和大数据分析等。在此过程中，利用到的信息技术包括互联网、物联网、云计算、大数据等新兴技术。

1.2.2　电子商务项目

1. 电子商务项目的定义

所谓电子商务项目，是指在电子商务活动过程中，为了达到所需的绩效目标，在一定的期限内，依托一定的资源而进行的一系列活动，这一系列活动的过程有其丰富的内容，构成了许许多多、大大小小的项目。电子商务项目的绩效通过 3 项主要目标的完成情况来衡量，即时间（项目是否按时完成）、费用（项目是否符合预算）和性能（项目达到客户满意的程度）。学术界对电子商务项目的理解出现了两种含义，即狭义的电子商务项目和广义的电子商务项目。狭义的电子商务项目仅指电子商务系统项目；广义的电子商务项目则认为电子商务项目有三种类型，即电子商务策划项目、电子商务系统项目、电子商务运营项目。本书讨论的是广义的电子商务项目。

2. 电子商务项目的特点

1）电子商务项目涉及的角色多

一般项目中，主要的角色有两个：一个是项目的投资方，另一个是项目的承包方。而对复杂的电子商务项目来说，项目所涉及的角色往往还有消费者、物流、第三方支付、平台方等。

2）电子商务项目具有复杂性

电子商务项目具有复杂性，主要是因为在项目的实施中，受市场环境的影响很大，需要控制多重关联的商业和业务活动中的变化。这些变化跨越了公司之间和公司内部的部门之间，从而使沟通与协调变得更加困难，也使得电子商务项目的管理面临着实在的挑战。

复杂性主要表现在以下几点：

（1）高层管理者的期望值很高；

（2）项目在实施过程中存在着紧迫的时间压力；

（3）由于电子商务的新模式、新营销手段更新很快，而且项目在进行的过程中也在持续发展，新产品层出不穷，这些因素会带来竞争、机遇与挑战；

（4）项目存在着严重的预算压力，而电子商务发展到今天，资本的因素变得越来越重要，电子商务项目的运作需要前期投入大量的资金，而预期收益风险也变得越来越大。

3）电子商务项目具有动态性

电子商务项目的实施是动态的，主要表现在以下几点：

（1）电子商务项目在实施的过程中，需要根据市场的变化不断调整项目规划，使其达到预期效果；

（2）新的营销模式、新的 IT 技术的诞生，比已有的技术更有吸引力；

（3）当竞争者改进了电子商务运营的创意或改善了市场推广方式时，项目实施方必须快速对此作出反应，否则，正在进行的电子商务项目就有面临困难的可能；

（4）企业管理层在未与项目实施团队商议的情况下，改变了业务方向、范围或进度。

4）电子商务项目存在着较大的风险

由于电子商务项目是一个新的商务活动，它的实施将影响到企业现有业务的运营，包括业务流程和业务结构，一旦失败，很难弥补；这就需要认真遵循电子商务项目管理的方法，严肃地对待电子商务项目，从而降低风险。

5）电子商务项目的生命周期短

在互联网时代，商业环境的变化越来越快，机会来得快，去得也快，这使得电子商务项目不可能持续太长时间，否则，项目尚未完成，就有可能面临价值亏空的危险。

1.2.3　电子商务项目管理

电子商务行业是一个极具挑战性和创造性的新行业，管理上没有成熟的经验可供借鉴。实践证明，电子商务项目管理是电子商务项目行之有效的管理方法，也是电子商务企业的基本功。

电子商务项目管理既有项目管理的普遍性，又有其较为特殊的管理特性。和传统的项目管理相比，电子商务项目管理主要有以下特点：

（1）传统项目的目标在一开始就设定好了，在实施过程中很少变动，工作范围较为明确和固定；而电子商务项目的目标可能会随着科技的发展而更新变动，范围会随着竞争对手的业务开展情况有拓宽的趋势。传统项目的生命周期长，通常大于一年；而电子商务项目由于市场机会的短暂性，生命周期短，可能不到一年。所以对电子商务项目的管理就要求更具有灵活性和适应变化的能力。

（2）在传统的项目管理中，项目领导者可运用甘特图和性能评审技术等多种项目管理工具来领导项目的计划、组织和控制工作，主要担负着监管人的角色；而在整个电子商务项目管理中，可能随时会面临着要解决问题，甚至是处理危机的情况，那么项目的领导者除了要做好以上工作，还要花费相当多的时间来解决问题。在传统的项目管理中往往只指定一个经理；而在动态的电子商务项目管理中，可能会指定多个项目经理。传统的项目管理中，团队成员完成的是单独的任务并全心为项目工作；而电子商务项目管理则对团队更具有挑战性，成员要能够划定并更新自己分内的任务，同时还要通过资源共享来加强与其他工作的关联，这样对于团队协作的要求就更高。

（3）技术在传统的项目管理中也许只是一部分；而在电子商务项目管理中系统与技术的作用更为广泛和重要。传统的项目管理有并行和串行任务；而电子商务项目管理由于时间压力而趋向于高并行任务。

（4）传统的项目管理中重视关键路径，也就是整个项目中历时最长的那部分工作，通常关键路径的任何延误都将造成整个项目的延误；而电子商务项目管理所必须注意的还有具有风险性的那部分工作，风险性工作都是存在着一些问题的工作，而这些有问题的工作不一定就在关键路径上，因此仅仅注意关键路径上的问题，可能会陷入困境，迷失方向。

（5）在传统的项目管理中判断一个项目是否成功，主要看项目的工期指标、成本指标和质量指标是否满足项目的约束条件。如果项目按期交付，成本费用在预算之内，产品性能符合合同条款的规定，就认为该项目是一个成功的项目；反之，项目就算失败了。然而在当今竞争激烈的时代，对一个电子商务项目管理来说，最惨的失败不是工期拖延、成本超支，而是所完成的项目不能使客户满意。因此，电子商务项目管理应更加注重以客户满意为目标。

1.3　项目的组织方式

负责项目管理的个人或团体就是项目管理的组织系统，这些组织包括公司、政府机构、卫生医疗机构、国际机构、专业协会，等等。即便是内部项目、合资项目或合伙项目，也仍然会受到发起项目的一个或多个组织的影响。组织在项目管理系统、文化、风格、组织结构和项目管理办公室等方面的成熟程度也会对项目产生影响。

1.3.1　组织体系

以项目为基础的组织是指他们的业务主要由项目组成，这些组织可以分为两大类。

1. 其主要收入源自依照合同为他人履行项目的组织

如建筑公司等工程类公司、建筑师事务所、咨询机构、政府承包商等。

2. 按逐个项目进行管理的组织

这些组织往往具有便于项目管理的管理系统，如他们的财务系统通常能对多个项目同时进行核算、跟踪、汇报。

不以项目为手段进行管理的组织通常缺少专门用来有效、高效支持项目需求的管理系统。缺少基于项目的管理系统经常会导致项目管理更加困难。在某些情况下，不以项目为手段进行管理的组织里会设有一个以项目运营并有相应支持系统的部门或其下属单位。项目管理团队应当了解他们的组织结构和体系会怎样影响项目。例如，如果该组织规定职能部门经理按员工工时向项目收费，项目管理团队就要加强控制，以确保所调来的员工被有效地使用于项目之中。

1.3.2　组织的文化与风格

1. 组织文化的体现

大多数组织都已经形成了自己独特的、可描述的文化。这些文化体现在以下几个方面：
（1）组织的共同价值观、行为准则、信仰和期望。
（2）组织的方针、办事程序。
（3）组织对于职权关系的观点。
（4）职业道德。
（5）众多其他的因素。

2. 组织文化常常会对项目产生直接的影响

（1）在一个进取心较强或具有开拓精神的组织中，团队所提出的非常规的或高风险性的建议更容易获得批准。

（2）在一个等级制度森严的组织中，一个喜欢高度参与的项目经理可能经常会遇到麻烦。而在一个民主的、鼓励参与的组织中，一个喜欢独裁决策的项目经理同样也会吃不开。

1.3.3　组织结构

项目的组织结构对能否获得项目所需资源和以何种条件获取资源起着制约作用。可以把组织结构比喻成一条连续的频谱，其一端为职能型，另一端为项目型，中间是形形色色的矩阵型。与项目有关的组织结构类型的主要特征如表 1 - 3 所示。

1. 职能型组织

传统的职能型组织，其结构如图 1 - 2 所示，一个组织被分为一个一个的职能部门，每个部门下还可进一步分为更小的像机械、电气这样的班组或部门，这种层级结构中每个职员都有一个明确的上级。员工按照其专业分成职能部门，例如顶层的生产、市场、工程和会计

表1-3　组织结构类型的主要特征

项目特点	职能型组织	短阵型组织			项目型组织
		弱矩阵型组织	平衡矩阵型组织	强矩阵型组织	
项目经理的权力	很小或没有	有限	小~中等	中等~大	大~全权
组织中全职参与项目工作的职员比例/%	0	0~25	15~60	50~95	85~100
项目经理的职位	部分时间	部分时间	全时	全时	全时
项目经理的一般头衔	项目协调员/项目主管	项目协调员/项目主管	项目经理/项目主任	项目经理/计划经理	项目经理/计划经理
项目管理行政人员	部分时间	部分时间	部分时间	全时	全时

部门。职能型组织内仍然可以有项目存在，但是项目的范围通常会限制在职能部门内部。职能型组织内的工程部门可以独立于制造部门或市场部门进行自己的项目工作。当一个纯职能型组织进行新产品开发时，设计阶段经常被称为设计项目，项目团队的人员仅仅来自设计部门。当出现制造方面的问题时，这些问题被逐级提交给本部门（设计部门）领导，本部门领导再汇报给主管的公司领导，由该公司领导出面协调设计部门与制造部门，制造部门对问题的答复再由设计部门的领导逐级下传给设计部门的项目经理。

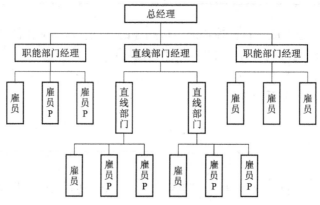

图1-2　职能型组织中的项目团队结构示意图

注：带"P"的雇员是分配去做项目的雇员（下同），他们的组合构成了职能型组织中的项目团队。

有时，职能部门的经理简称为部门经理。

1）职能型组织的优点

（1）有强大的技术支持，便于知识、技能和经验的交流。

（2）有清晰的职业生涯晋升路线。

（3）直线沟通、交流简单，责任和权限很清晰。

（4）有利于以重复性工作为主的过程管理。

2）职能型组织的缺点

（1）职能利益优先于项目，具有狭隘性。

（2）组织横向之间的联系薄弱，部门间协调难度大。

（3）项目经理缺少权力、权威或权力、权威较小。

（4）项目管理发展方向不明，缺少项目基准等。

2. 项目型组织

在项目型组织中，一个组织被分为一个一个的项目经理部，如图1-3所示。一般项目团队成员直接隶属于某个项目而不是某个部门。绝大部分的组织资源直接配置到项目工作中，并且项目经理拥有相当大的独立性和权限。项目型组织通常也有部门，但这些部门或是直接向项目经理汇报工作，或是为不同项目提供支持服务。

1）项目型组织的优点

（1）结构单一，责权分明，利于统一指挥。

（2）目标明确单一。

（3）沟通简捷、方便。

（4）决策快。

2）项目型组织的缺点

（1）管理成本过高，如项目的工作量不足，则资源配置效率低。

（2）项目环境比较封闭，不利于沟通、共享技术知识等。

（3）员工缺乏事业上的连续性和保障等。

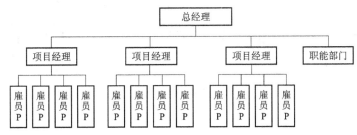

图1-3　项目型组织的组织结构示意图

3. 矩阵型组织

矩阵型组织，其结构如图1-4～图1-6所示，在矩阵型组织内，项目团队的成员来自相关部门，同时接受部门经理和项目经理的领导，矩阵型组织兼有职能型组织和项目型组织的特征，依据项目经理对资源包括人力资源的影响程度，矩阵型组织可分为弱矩阵型组织、平衡矩阵型组织和强矩阵型组织。弱矩阵型组织保持着很多职能型组织的特征，弱矩阵型组织内项目经理对资源的影响力弱于部门经理，项目经理的角色与其说是管理者，更不如说是协调人和发布人。平衡矩阵型组织内项目经理要与职能经理平等地分享权力。同理，强矩阵型组织保持着很多项目型组织的特征，具有拥有很大职权的专职项目经理和专职项目行政管理人员。

1）矩阵型组织的优点

（1）实行项目经理负责制，有明确的项目目标。

（2）改善了项目经理对整体资源的控制。

（3）及时响应。

（4）获得职能组织更多的支持。

（5）最大限度地利用公司的稀缺资源。

（6）改善了跨职能部门间的协调合作。

（7）使质量、成本、时间等制约因素得到更好的平衡。

（8）团队成员有归属感，士气高，问题少。

（9）出现冲突较少，且易处理解决。

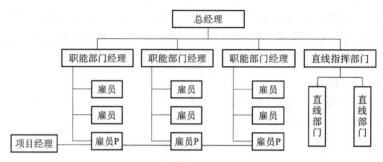

图1-4　弱矩阵型组织的组织结构示意图

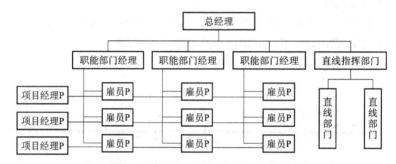

图1-5　平衡矩阵型组织的组织结构示意图

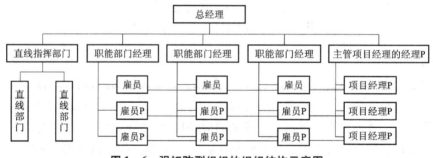

图1-6　强矩阵型组织的组织结构示意图

2）矩阵型组织的缺点

（1）管理成本增加。

（2）多头领导。

（3）难以监测和控制。

（4）资源分配与项目优先的问题易产生冲突。

（5）权力难以保持平衡等。

4. 复合型组织

根据工作需要，一个组织内在运作项目时，或多或少地同时包含上述三种组织形式，这就构成了复合型组织，例如，即使一个完全职能型的组织也可能会组建一个专门的项目团队来操作重要的项目，这样的项目团队可能具有很多项目型组织的特征。团队中拥有来自不同职能部门的专职人员，可以制定自己的运作过程，并且可以脱离标准的正式报告机制进行运作。复合型组织如图 1 - 7 所示。

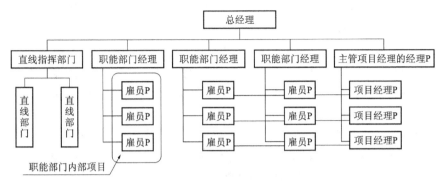

图 1 - 7 复合型组织的组织结构示意图

1.4 项目生命周期

一方面，项目和项目管理是在比项目本身更大、更广泛的环境中执行的，项目经理必须理解这种更广泛的背景；另一方面，项目经理在管理一个实际项目的时候，是按照项目的各个过程开展的先后顺序来管理项目的，所以在管理一个项目之前，项目经理首先要选择适合项目生命周期的阶段、工具和过程。

为了方便管理，项目经理或其所在的组织会将项目分成几个阶段来管理，以加强对项目的管理控制并建立起项目与组织持续运营工作之间的联系。从项目开始直到项目结束，这一段时间就构成了项目的生命周期。在管理项目时，一般按工作出现的先后，把它们组织成一个个前后连接的阶段。也可以说，项目的所有阶段构成了项目生命周期。

下面就阐述项目管理中的流程因素，包括项目生命周期、阶段和过程。

1.4.1 项目生命周期的特征

项目生命周期规定了从项目开始直至项目结束的项目阶段。例如，当组织捕捉到它愿意响应的机会时，它经常会授权进行可行性研究，以决定是否要承担这个项目。项目生命周期可以帮助项目经理确定是将可行性研究作为项目的第一个阶段还是将其作为一个单独的项目。当对初始工作不能很清楚时，最好的办法就是将这种工作作为一个独立的项目来开展。

大多数项目生命周期的阶段顺序通常从技术上可以划分为 4 个阶段：需求分析、系统设计、系统构建、系统运行。每个阶段的交付物通常都经过技术正确性的评审，并在下一阶段开始前得到批准。在每个阶段之间要完成技术交接。在实际工作中，无论是软件项目还是电子商务项目，管理技术人员一般都是按照上述技术工作来划分项目阶段的。

也可以按项目管理活动出现的先后，把项目生命周期划分为启动、计划、执行和收尾 4 个典型的阶段。针对一个具体的项目，根据项目管理的需要，其项目的阶段可以不止 4 个。

无论按技术工作还是按管理工作出现的先后来划分项目的阶段，项目的每个阶段都至少包含管理工作和技术工作。

根据需要，在条件许可或涉及的风险可以接受时，下一阶段可以在前一阶段完成前开始，这种部分重叠阶段的做法就叫快速跟踪管理技术。

没有唯一的最好的项目生命周期确定方法。一些单位发布政策使所有的项目都采用唯一的项目生命周期标准，而另一些单位则允许项目管理团队在项目背景下选择最适合的项目生命周期。此外，某行业的通用做法常常会成为该行业的首选项目生命周期。

项目生命周期通常规定如下：

每个阶段应完成哪些技术工作？（例如，在哪个阶段应完成架构的工作）

每个阶段的交付物应何时产生？对每个交付物如何进行评审、验证和确认？

每个阶段都有哪些人员参与？（例如，开发工程要求需求分析人员和设计人员的参与。）

如何控制和批准每个阶段？

项目生命周期描述文件可以很概要，也可以很详细。非常详细的项目生命周期描述文件可能包括许多表格、图表和检查单。项目生命周期的描述文件应该结构清晰，便于控制。

大多数项目生命周期都具有许多共同的特征：

在初始阶段，成本和人员投入水平较低，在中间阶段达到最高，当项目接近结束时则快速下降。图1-8描绘了一种典型的项目生命周期模式。

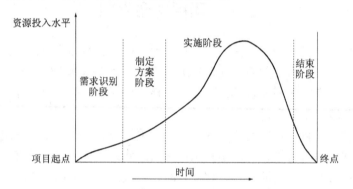

图1-8   典型的项目生命周期模式

在项目的初始阶段不确定性水平最高，因此达不到项目目标的风险是最高的。随着项目的继续，完成项目的确定性通常也会逐渐上升。

在项目的初始阶段，项目干系人影响项目的最终产品特征和项目最终费用的能力最高，随着项目的继续开展则逐渐变低，项目干系人对项目的影响，如图1-9所示。造成这种现象的一个主要原因是随着项目的继续开展，变更和修改的费用通常会增加。

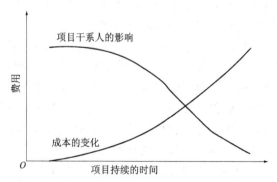

图1-9   项目干系人随着时间的继续对项目的影响

尽管许多项目生命周期由于包含类似的可交付成果而具有类似的阶段名称，但很少含有完全相同的情况。大多数项目的生命周期被划分为 4 个或 5 个阶段，但也有一些被划分为 9 个甚至更多的阶段。即便是在同样的应用领域，也会存在很大的差异。一个拼多多电子商务项目的生命周期可能有一个单一的策划（设计）阶段，而另一些项目可能具有拆分开的需求分析设计阶段和详细设计阶段。子项目也可能有不同的项目生命周期。

至于典型的信息系统项目的生命周期，一般可划分为可行性分析、业务流程优化或变革、信息系统规划、系统需求分析、系统设计、系统实现、系统测试、系统实施、系统试运行、系统验收等阶段。而开发出的信息系统的生命周期，除包含前期的项目生命周期外，还包括验收后的协调运营与维护、系统退役等阶段。根据行业特点、企事业单位的规模、项目特点等对这些阶段可以有不同程度的增删和裁剪。

1.4.2　项目阶段的特征

每个项目阶段都以一个或一个以上的可交付物的完成为标志，这种可交付物是一种可度量、可验证的工作成果，如一份规格说明书、可行性研究报告、详细设计文档或工作样品。某些可交付物可以对应于项目管理过程，某些可交付物可能是项目的最终产品或最终产品的组成部件。项目阶段由连续的过程组成，这些过程按一定的顺序前后相连。项目或项目阶段的产品、成果和服务通常称为可交付成果。在本书中，如果不加以特别声明，可交付成果和可交付物含义相同或相近。

在任何特定项目中，因为规模、复杂度、风险系数和资金周转约束等原因，阶段可更进一步细分为子阶段。为了监控和控制，每个子阶段都与一个或多个特定的可交付物相连。

项目阶段的结束一般以对完成的工作和可交付物的技术和设计评审为标志，以决定是否接受，是否还要做额外的工作或是否要结束这个阶段。在不结束当前阶段就开展下一个阶段工作的时候，通常需要对此决定进行管理评审，例如当项目经理选择以快速跟踪作为行动方针时。类似的，一个项目阶段可以在没有决定启动任何其他阶段的时候就结束，例如当项目结束或如果项目持续下去风险太大时。

一个 IT 公司使用迭代式的项目生命周期，在项目中可以同时开展多个阶段。每个模块都要经过需求获取、分析、设计和构造几个阶段，但当一个模块的分析工作将要完成时，另一个模块的需求收集工作就可以并行开始了。

阶段的正式完成不包括对后续阶段的批准。为了有效地控制进程，每个阶段都要明确该阶段的任务，作为正式启动这一阶段的条件。在获得授权的情况下，阶段末的评审可以结束当前阶段并启动后续阶段。有时候，一次评审就可以取得这两项授权。这样的阶段末评审通常称为阶段出口、阶段验收或终止点。

1.4.3　项目生命周期与产品生命周期的关系

一个项目要交付特定的产品、成果和完成特定的服务。项目生命周期规定项目的开始与结束。假如一个项目交付特定的产品，那么该产品的生命期比项目生命周期更长，从该产品的研发（此时是项目的任务）到该产品投入使用（或运营），直到该产品消亡，就构成了该产品的生命周期。许多项目与组织发展战略或正在进行的工作有关。在一些组织中，一个项目只有在完成了可行性研究、初步计划或者其他等同形式的分析之后才能正式被批准。在某些案例中，初步规划或分析可以采用独立项目的形式。例如，在确定开发最终产品之前，可以将原型的开发和测试作为单独的项目。

问题、机会或业务需求是典型的激发项目的驱动力，也可以说是一些压力。这些压力的结果就导致管理层通常必须在尊重其他潜在项目的需要和资源要求的前提下排定当前项目申请的优先级。

为将项目与执行组织中的持续运营联系起来，项目生命周期也明确了在项目结束时所包括（或不包括）的移交行为。当一项新产品投入生产或一个新的软件程序投入市场的时候，应当注意将项目生命周期和产品生命周期区分开。例如，一个负责开发准备投入市场的新的网购 APP 的项目只是产品生命周期中的一部分。在某些应用领域中（例如新产品开发和软件开发），组织是将项目生命周期作为产品生命周期的一部分来考虑的。

1.5　项目管理过程

1.5.1　项目管理

项目管理是指在项目活动中综合运用知识、技能、工具和技术以确保达成项目目标。项目管理是通过一系列过程来完成的，每个过程都会使用相应的工具和技术，以接受输入和产生输出。

1. 项目团队必须注意的事项

（1）明确客户的需求。

（2）在管理项目时，选用达到项目目标的合适的过程。

（3）平衡范围、时间、成本、质量和风险等方面的不同要求，生产出高质量的产品。

（4）调整产品规格、计划和管理体系，以满足不同项目干系人的需求，并管理他们的期望。

对于项目活动所对应的项目管理细节是否应该形成文件化的标准，目前在国际上或行业内还没有达成完全一致的意见。这种标准需要描述一个项目的启动、计划、执行、监控和控制以及项目的收尾过程。大多数项目管理者认为这种标准描述是良好的惯例。良好的惯例意味着人们普遍认为，对于多数项目，应用这些项目管理过程有助于提高项目成功的可能性。但这并不意味着本书所描述的知识、技能和过程应全部应用到所有项目中；在项目团队中，项目经理总要负责确定怎样的过程更适用于给定的项目。实际上，项目经理及其团队应明确考虑每个过程及其输入和输出要素（以下简称输入或输出）。本节可以作为项目经理及其团队在管理项目时的参考。项目管理人员在管理项目时，要结合项目的实际对通用的管理过程进行"剪裁"，为项目量身定做出一系列的过程，分阶段进行管理。

一个过程是指为了得到预先指定的结果而要执行的一系列相关的行动和活动。过程与过程之间相互作用，每个过程在所有项目中至少出现一次，而且如果项目划分了阶段，同样的过程可能出现在一个或多个项目阶段，只是这个过程会越来越明确和详细。

2. 要把一个项目管好，至少需要 4 种过程

1）技术类过程（或称工程类过程）

技术过程要解决"研制特定产品、完成特定成果或提交特定服务的具体技术过程"，要回答怎么在技术上完成、怎么把产品制造出来。技术过程跟项目所在的行业有关，例如网购APP 项目的技术过程有"需求分析""总体设计""编码""测试""部署""运维"等。

2）管理类过程

大多数行业的项目都有共同的管理过程。通常，按出现的时间先后划分，管理过程可以分为启动、计划、执行、监控和收尾几个过程。

3）支持类过程

例如后勤服务过程就属于支持类过程。

4）改进类过程

例如总结经验教训、部署改进等过程。

以上4类过程，依时间先后，协同开展以完成一个项目，因而项目管理是一项整体活动。项目管理从整体上要求每个过程都恰当地与其他过程排列和连接起来，以利于相互协调。这些交互作用经常会导致对项目需求和目标进行权衡。例如，范围变更几乎总是会影响到项目进度和成本。对于不同的组织和不同的项目，这种权衡会有很大的不同。成功的项目管理就包括积极地管理这些交互作用以成功地满足项目干系人的要求和他们的期望。

本书中的过程主要指的是管理过程。

1.5.2　项目管理过程

在理论上，项目管理过程（以下简称过程）是相互独立的，每个过程都有明确的输入和输出要事。但在实践中，过程是相互作用的。实施项目的细节必须基于项目复杂度、风险、规模、时间框架、项目团队经验、历史信息数量、组织的项目管理成熟度、行业和应用领域等因素来完成。必需的项目过程组和它们组成的过程，可以在项目生命周期内引导项目管理知识和技能的恰当应用。项目经理和项目团队有责任去确定，为了达到期望的项目目标，必须通过哪些过程、涉及哪些人员以及执行的严密程度。

舍瓦特（Shewart）提出了一种关于项目管理过程交互的根本概念，戴明（Deming）对其进行了修订，这就是著名的 PDCA 循环［Plan-Do-Check-Act cycle，参见《American Society for Quality》（《质量美国》），pp. 13 –14，ASQ Handbook，1999］。这个循环由其产生的结果构成，即其每一部分的结果又是其他部分的输入要素，如图 1 – 10 所示。

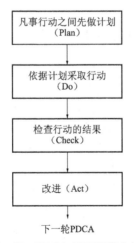

图 1 – 10　PDCA 循环的基本模型

从整体上看，项目管理过程比基本的 PDCA 循环要复杂得多。但是，这个循环可以被应用于项目过程组内部及各过程组之间。计划过程组符合 PDCA 循环中相应的 Plan 部分；执行过程组符合 PDCA 循环中相应的 Do 部分；而监控过程组则符合 PDCA 循环中的 Check/Act 部分。另外，因为项目管理是个有始有终的工作，所以，启动过程组开始循环，而收尾过程组则结束循环。从整体上看，项目管理的监控过程组与 PDCA 循环中的各个部分均进行交互。

1.5.3　项目管理过程组

项目管理根据过程的性质［启动、计划、执行（或称实施）、监控、收尾］合并同类项，从而组成项目管理过程组。过程组不是项目的阶段，虽然过程组与阶段有一定的联系，例如计划过程组主要出现在项目的计划阶段，但在执行（或者说实施）阶段，变更也会引起某个计划过程的更新更改。

本节确定并描述了对于任何项目都必需的 5 个项目管理过程组（以下简称项目过程组或过程组），这 5 个项目过程组具有明确的依存关系，并在各个项目中按一定的次序执行，它们与应用领域或特定产业无关。在项目完工前，通常个别项目过程组可能会反复出现。项目过程组内含的过程在其组内或组间也可能反复出现。这些项目过程组有如下一些：

（1）启动过程组：界定并批准项目或阶段。

（2）计划过程组：界定和细化目标，规划最佳的技术方案和管理计划，以实现项目或阶段所承担的目标。

（3）执行过程组：整合人员和其他资源，在项目的生命周期或某个阶段执行项目管理计划，并得到成果。

（4）监督与控制过程组（监控过程组）：要求定期测量和监控进展，识别实际绩效与项目管理计划的偏差，必要时采取纠正措施，或变更管理方式以确保项目或阶段目标达成。

（5）收尾过程组：正式接受产品、服务或工作成果，有序地结束项目或阶段。

每个单独的过程都明确了如何使用输入要素来产生项目过程组的输出要素。一个项目过程产生的过程成果又会成为其他过程的输入要素。图 1 - 11 简要地说明了项目过程组的这种交互作用。例如监督与控制过程组不仅监控当前项目过程组内的工作，也要监控整个项目的工作。同时监督与控制过程组也要为前面的项目阶段是否需要采取纠正措施和为下一阶段采取预防措施提供反馈，或实施变更修改计划以确保项目的执行。图 1 - 11 没有完全展示出监督与控制过程组的所有交互关系。

1. 启动过程组

启动过程组是由正式批准开始一个新项目或一个新的项目阶段所必需的一些过程组成的。很多启动类型的过程经常会超出项目范围，而受组织、大型项目或项目组合管理过程的控制（参见图 1 - 12）。例如，在开始启动过程组的活动之前，要制定组织的业务要求文件，确定新项目的可行性并明确描述项目的目标，再加上可交付物在内，可制定成合同文件或工作说明书。这一文件也包括对于项目范围、项目工期估算、执行组织投资的资源预测的基本描述。通过将项目选择过程形成文件可以明确项目的轮廓。

在项目启动过程中，会对初始项目范围和执行组织计划投入的资源进一步细化。如果还未指定项目经理，那么在此时将选定项目经理。初始的假设和限定、项目的正式启动决定、项目经理的任命这些内容统一包括在项目章程中，当其被批准后，项目就获得了正式授权。尽管项目章程可能是由项目管理团队编写完成的，但是否批准和投资项目，却是在项目外的

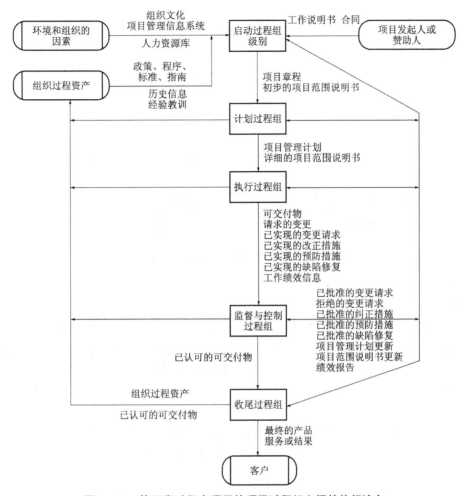

图 1 – 11　管理类过程中顶层的项目过程组之间的执行流向

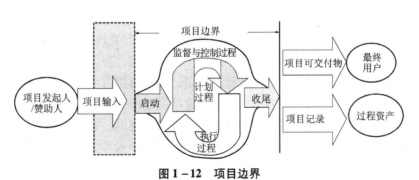

图 1 – 12　项目边界

更高层次上决定的。

许多大型或复杂的项目被划分出阶段，在每个阶段的开始，都要重新评估项目的范围和目标，这也是项目启动过程组的一部分。对下一阶段的进入条件、所需资源和要完成的工作进行检查，然后决定项目是已经准备好可以进入该阶段，还是应该延期或废止。在每个阶段开始时重复进行这样的检查，有助于将项目的关注焦点集中在项目所要达到的业务要求上。重复进行这样的检查同样有助于当业务要求已不复存在或项目已无法满足业务要求时能够及时停止项目。

在项目和阶段的启动过程中，项目干系人的参与通常有助于进一步明确客户的需求，而且项目干系人的参与对于项目成功是非常重要的。启动过程组的结果是启动了一个项目（参见图1-13），同时其输出物也确定了项目的用途，明确了目标，并授权项目经理开始实施这一项目。

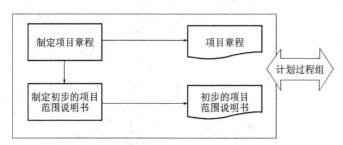

图1-13　管理类过程中的项目启动过程组

启动过程组包括以下内容：

1）制定项目章程

这一过程批准项目的开始或项目某一阶段的开始。它是论证客户的业务要求，以及预期满足这些要求时所必需的过程。制定章程可以将项目与组织的日常工作连接起来并使项目获得批准。制定项目章程和批准项目是由项目外的更高一级组织或大型项目管理或项目组合管理部门负责的。

2）制定初步的项目范围说明书

这一过程用于依据项目章程和启动过程的其他依据来确定初步的项目范围。这一过程确定了项目需求、项目边界、接收方法和高层次范围控制的方式，并将之记入初步的项目范围说明书。

2．计划过程组

通俗地说，凡是制定项目管理计划所需的过程都属于计划过程组，例如确定项目范围的过程、制订项目管理计划的过程、规定项目活动并制定进度的过程。当项目在生命周期内出现明显的项目计划变更时，会重新执行一个或多个计划过程，甚至还会重新执行启动过程。

经过各计划过程组的工作完成的项目管理计划，在项目执行中可能出现变更，例如有关范围、进度、技术、风险和成本等方面的变更，这些变更被批准后导致的更新会引起项目管理计划的更新。更新后的项目管理计划提供了比较准确的范围、进度、技术、风险和成本要求。项目管理计划不是一成不变的，它是渐进明细、逐步深入具体的，项目管理计划的这种制订方法经常被称作"滚动波浪计划"方法，这意味着计划是一个反复和持续的过程，也就是说近期的工作计划较细，远期的工作计划较粗。

项目团队应让有关项目干系人参与项目计划过程。这些项目干系人都具有能够推进项目管理计划和其分计划的知识和技能。项目团队应当激励相关项目干系人作出贡献。

无论是在项目的计划阶段制订项目管理计划，还是在执行阶段变更项目管理计划，项目管理计划都不会无限制地细化下去，它的详细程度由所处的阶段、项目性质、已确定的项目边界、相应的监督和控制以及项目所处的环境所决定。

计划过程组内过程的交互依赖于项目的性质。例如，有些项目在完成大体的计划之前只能看到很小或无法确定的风险，此时项目团队制定的成本和进度目标就过于乐观，这样的目标潜藏着较大的风险。

计划过程组通过多个过程来制订项目管理计划。

计划过程组包括以下内容：

1）制订项目管理计划

这一过程用于确定、准备、集成和协调所有分计划，并将它们合并成整体的项目管理计划。项目管理计划指导项目的执行，是监督和控制过程的依据。

2）编制项目范围管理计划

这一过程用于确定范围、验证和控制范围的方法，以及如何建立和确定工作分解结构的方法，并把这些方法写在项目范围管理计划内。

3）确定范围

这一过程用于制定一个作为未来项目决策基础的详细的范围说明书。

4）创建工作分解结构（Work Breakdown Structure，WBS）

这一过程用于将主要的项目可交付物和项目工作细分成更小、更易于管理的部分。

5）确定活动

这一过程用于确定为了产生不同的项目可交付物所必须执行的特定活动，把这些活动都找出来。

6）活动排序

这一过程用于明确活动之间的相互依赖关系，并记录下来。

7）活动资源估算

这一过程用于估算每项活动所需的资源。

8）活动历时估算

这一过程用于估算完成每个活动所需的工作时间。

9）制订进度计划

这一过程用于分析活动顺序、活动工期以及资源需求，确定每个活动的具体工期安排，以制定项目进度。

10）成本估算

这一过程用于确定为完成项目所需资源的大致成本。

11）成本预算

这一过程为每项活动按照其工期分配资金与资源，建立项目的成本基线。

12）制订项目的质量管理计划

这一过程用于明确与项目相关的质量标准，并确定达到标准的方法。

13）制订项目人力资源管理计划

这一过程用于明确项目角色、职责和报告机制，建立项目的人员管理计划。

14）制订项目沟通管理计划

这一过程用于确定项目干系人的信息和沟通要求，如他们是谁，他们对项目的关注和影响的级别，谁需要什么信息，他们什么时间需要信息并且应该怎样给予他们这些信息。

15）制订项目风险管理计划

这一过程用于决定使用何种方法来实施项目的风险管理活动。

16）风险识别

这一过程用于确定哪些风险可能会影响项目，并且记录它们的特征。

17）风险定性分析

这一过程用于结合风险出现的概率和影响，对风险进行优先级的排序，以便于后续的进一步分析。

18）风险定量分析

这一过程用于确定风险对整体项目目标的定量影响。

19）制订风险应对计划

这一过程用于制订风险应对计划以增强对机会的把握，降低风险对项目目标的威胁。

20）制订项目采购管理计划

这一过程用于确定项目需要采购什么和何时采购。

21）编制合同

这一过程用于记录材料、产品、货物和服务的需求，并识别潜在的供方。

3．执行过程组

执行过程组是由为完成在项目管理计划中确定的工作，以达到项目目标所必需的各个过程所组成。这个过程组不仅包括项目管理计划实施的各个过程，也包括协调人员和资源的过程。这个过程组还会涉及在项目范围说明书中规定的范围以及经批准的对范围的变更，如图1-14所示。

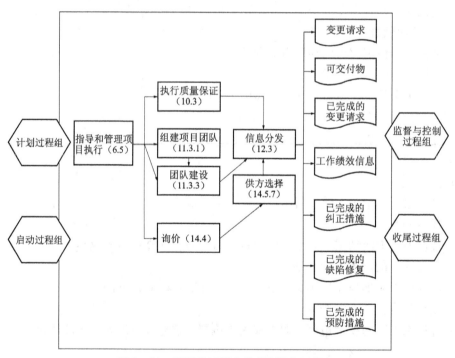

图1-14 管理类过程中的项目执行过程组

执行上的偏差通常会导致计划更新。这些偏差包括活动工期、资源的生产率和可用性以及未预期的错误等。这些变更可能会也可能不会影响整体的项目管理计划，可能需要对其进行技术性能分析。分析的结果可能会引发变更申请。如果申请被批准，就需要修订项目管理计划，该计划经相关方认可后会成为新的项目基线。

执行过程组会花掉多半的项目预算。

执行过程组包括以下内容：

1）项目执行的管理

这一过程用于指导项目中不同的技术和组织团队执行项目管理计划所确定的活动。执行项目管理计划所确定的工作就会产生相应的可交付物。收集关于可交付物的完成状态和哪些工作已经完成的信息，这些信息会被反馈到绩效报告过程。

2）执行质量保证

这是指执行已计划好的、系统性的质量活动（例如审核和同行评审项目的总体绩效）来确保项目满足质量要求的过程，提高人们对项目可望达到相关质量标准的信心。

3）获取项目团队成员（团队组建）

这一过程用于招收为完成项目所需的人力资源。

4）团队建设

这一过程用于培育个人和团队的能力以提升项目绩效。

5）信息发布

这一过程用于及时向项目干系人提供他们所需的信息。

6）询价

这一过程要获取信息、报价、投标文件、出价或提交建议书。

7）供方选择

这一过程用于评标、选择潜在供方以及与供方协商并签订合同。

8）合同管理

管理与卖方之间的关系。

4. 监督与控制过程组

监督与控制过程组是由监督项目执行情况，在必要时采取纠正措施以便控制项目的各个过程所组成。这个过程组的目的在于，定期监督和计量项目绩效以及时发现实际情况与项目管理计划之间的偏差。监督与控制过程组也包括对预知可能出现的问题制定预防措施，以及控制变更。

监督与控制过程组包括以下内容：

1）对照项目管理计划来监督正在进行的项目活动

此处略。

2）对引起整体变更控制的因素施加影响，使得只有经批准的变更才能被实施

持续的监督使项目团队能观察项目或阶段是否正常进行，并提示需要格外注意之处。监督与控制过程组要为以前的阶段提供反馈，以便采取纠正或预防措施使项目目标和项目管理计划保持一致。一旦偏差危及项目目标，将在计划过程组内再次进行相应的计划变更过程，这会更新项目管理计划。图 1 - 15 描述了这个过程组的相互关系。

监督与控制过程组包括以下内容：

1）监督与控制项目工作

这一过程用于收集、测量、发布绩效信息，评估趋势以及改进过程。这个过程包括监测风险以确保它们是可识别的、记录风险的状态、评估风险计划对减轻风险的有效性以及执行

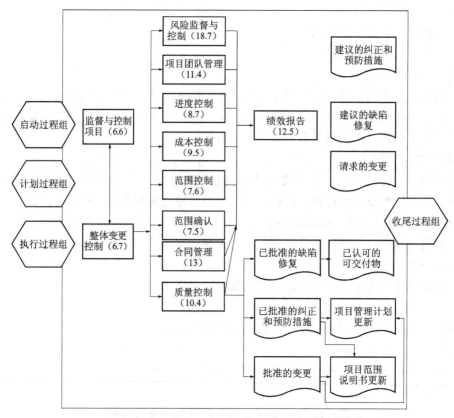

图1-15 管理类过程中的项目监督与控制过程组

合适的风险应对计划。监督包括状态报告、进展度量以及预测。绩效报告提供项目在范围、进度、技术、成本和风险上的执行情况。

2）整体变更控制

这一过程用于控制产生变更的因素以确保这些变更是有利的或可控的，确定是否已出现变更，并管理已批准的变更。

3）范围验证

这一过程用于正式验收项目的阶段成果或项目的最终成果，也叫范围确认。

4）范围变更控制

这一过程用于控制项目范围的变更。

5）进度控制

这一过程用于控制项目进度的变更。

6）成本控制

这一过程用于控制项目预算的变更，对造成成本变化的因素施加影响。

7）质量控制

这一过程用于监督特定的项目结果来确定其是否符合相应的质量标准，并确定消除不达标的方法。

8）管理项目团队

这一过程用于跟踪个人和团队的绩效、提供反馈、分析问题和提高项目绩效。

9）绩效报告

这一过程用于收集和发布绩效信息，包括项目的状态报告、进展和预测。

10）管理项目干系人

这一过程用于管理项目干系人的需求并与他们沟通，与他们一起解决问题。

11）风险监督和控制

这一过程用于跟踪识别风险，监督残余风险，识别新风险，执行风险应对计划并评价其效果。

12）合同管理

这一过程用于管理合同和买卖双方之间的关系，评审和记录卖方履行合同的情况，管理与合同相关的变更，必要时管理与项目外部供应商的合同关系。

5. 收尾过程组

收尾过程组包括正式终止项目或项目阶段的所有活动，或将完成的产品递交给他人所必需的各个过程。这个过程组在完成时，要求所有项目管理过程组中所规定的过程均已完成，才可结束项目或阶段。也就是说，可交付物已经恰当地完成或者已取消项目或项目阶段，并且以正式的形式确定项目或项目阶段已经结束，从而结束一个项目或项目阶段。如图 1 - 16 所示。

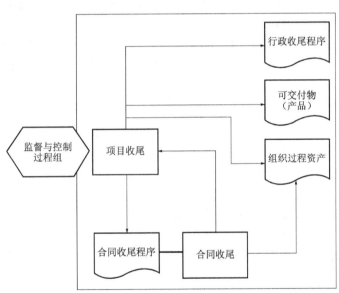

图 1 - 16　管理类过程中的收尾过程组

收尾过程组包括以下内容：

1）项目收尾

这个过程包括项目或阶段的管理收尾、准备合同收尾、评估项目、总结经验教训，以完成正式的项目收尾。

2）合同收尾

这个过程包括完成和结算所有合同，解决所有的遗留问题。

6. 过程的交互

项目过程组通过它们各自所产生的结果而联系起来，也就是说，一个过程的结果或者输出通常会成为另外一个过程的输入或者成为整个项目的最终结果。在项目过程组之间以及项目过程本身当中，这种联系是可重复的。计划过程组为执行过程组提供了一个前期的项目管理计划文件，并且经常随着项目的推进而不断地更新计划。此外，项目过程组很少会是离散的或者只出现一次，它们是相互交叠的活动，在整个项目中以不同的强度出现。图1－17阐明了项目过程组是如何交叠的，以及在项目的不同时段其交叠的水平。

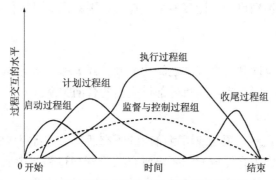

图1－17　项目中的管理过程组的相互作用

当项目被划分成阶段时，项目过程组的交互也就会跨越这些阶段，这样一来，一个阶段的结束也提供了启动下一阶段的输入。举例来说，设计阶段结束前要求客户确认设计文档。同时，设计文档也为随后的执行阶段提供了产品说明。

如果一个项目被划分成若干阶段，为有效推动整个项目的完成，在整个项目的生命周期内，每个阶段就由相应的过程组成，而控制过程是可以跨越项目的阶段的。

但是，就像不是所有的项目都需要所有的过程一样，也不是所有的交互过程都会运用在所有的项目中。

（1）依赖于某种独特资源的项目（电商平台的开发、生物制药），其角色和职责的确定可以先于范围的确定，因为要完成的工作取决于谁能做它。

（2）一些过程的输出可能被事先确定成某些约束条件。例如，管理人员直接指定项目的完工日期，而不是通过计划过程来确定这个日期。一个强制的完工日期会增加项目的风险，增加项目的成本费用并危及质量，或者在极端的情况下，需要对项目范围作出重大的变更。

（3）缺少某个过程并不表明该过程不需要。项目管理团队应识别并管理所有的能使项目成功的必需的过程。

（4）某些大型项目的过程可能划分得更为详细。例如，风险识别可进一步细分为识别成本风险、识别进度风险、识别技术风险和识别质量风险等。

（5）对于子项目和较小的项目，往往对一些已经在大型项目确定的产出过程会投入相对较少的精力。例如，分包商可以忽略明确由总承包商承担的风险，或者某些过程的用途也是比较有限的。例如，一个由4人组成的小项目团队，可以不制订正式的沟通计划。

表1－4反映了项目的5个管理过程组和9个知识领域的关系图。这个关系图主要指导的是传统的项目管理领域，针对电子商务项目，部分内容需要根据具体的项目做简单的调整。

表 1 - 4　项目的 5 个管理过程组和 9 个知识领域的关系表

项目管理知识领域	项目管理过程组				
	启动	计划	执行	监督与控制	收尾
项目总体管理		项目计划编制	项目计划执行	总体变更控制	
项目工作范围管理	启动	工作范围计划	确定工作范围	任务验收	
				范围变更控制	
项目时间管理		确定活动		进度控制	
		活动排序			
		活动工期估算			
		进度表编制			
项目费用管理		资源计划		费用控制	
		费用估算			
		费用预算分配			
项目质量管理		质量计划	质量保证	质量控制	
项目人力资源管理		组织计划	团队建设		
		人员获取			
项目沟通管理		沟通计划	信息发布	项目状况汇报	管理收尾
项目风险管理		风险管理计划		风险监控	
		风险识别			
		风险定性分析			
		风险定量分析			
		风险应对计划			
项目采购管理		采购计划	询价		合同收尾
		询价计划	供应商选择		
			合同管理		

第 2 章

项目启动

　　任何企业的发展都离不开项目，这些项目直接由其发展战略驱动。企业在发展自身业务的过程中，有很多的项目机会可供选择。如何从许多的项目机会中选择若干适当的项目来开展实施？例如电商企业，是否建设一个电商平台、开发一个小程序、立项上线拼多多平台等，一般来说，企业首先应对这些项目机会进行初步筛选，然后对每个可能的项目机会进行可行性分析。

　　项目立项以后，就要正式启动项目。所谓项目启动，就是以书面的、正式的形式肯定项目的成立与存在，同时以书面的、正式的形式为项目经理授权。

2.1　项目可行性研究

　　项目管理要求对任何项目都要进行可行性研究①，只是不同项目的可行性研究所要求的研究深度和复杂程度不同而已。可行性研究是在项目拟实施之前，通过对与项目有关的市场、资源、技术、经济和社会等方面的问题进行全面分析、论证和评价，从而确定项目是否可行或选择最佳实施方案的工作。

2.1.1　可行性研究方法

　　电子商务项目的可行性研究方法本身是相关方法的集成，主要包括战略分析、市场调查研究、预测技术、系统分析、模型方法等。

　　可行性研究的程序包括：接受委托书、组建研究小组、事前调查、编制研究计划、签订合同或协议、正式调查、分析研究、优化和选择方案、编制可行性研究报告。

　　可行性研究报告的内容包括总论、需求预测、现有资源条件、设计方案、人员情况、实施进度建议、项目资金估算和资金筹措、社会及经济效果评价等方面。

　　可行性研究的过程，是一个逐步深入的过程，一般要经过机会研究、初步可行性研究和可行性研究三个步骤。机会研究的任务，主要是为电商项目投资提出建议，寻找最有利的投资机会。有许多项目在机会研究之后还不能决定取舍，需要进行比较详细的可行性研究，然而这是一项既费时又费钱的工作。所以在决定要不要开展正式可行性研究之前，往往需要进行初步可行性研究，它是机会研究和正式可行性研究的中间环节。初步可行性研究可能出现

---

　　①　可行性研究即可行性分析。

四种结果，即肯定，项目可以"上马"；转入正式可行性研究，进行更深入更详细的分析研究；展开专题研究，如市场考察、小范围测试等；否定，项目应该"下马"。这一工作的内容主要是分析和研究项目提案或项目建议书所提出的项目的必要性、合理性、风险性和可行性，以及分析和评价项目提案或项目建议书中所得出的各种结论，从而作出项目是否立项的初始决策（初始决策是指对于某事物的首次决策）。

通常情况下，这一步的可行性研究（分析）涉及四个方面的内容：项目的技术可行性分析、项目的经济可行性分析、项目的运营可行性分析、项目的综合可行性分析。其中，项目的技术可行性分析是对于项目所采用的技术手段和项目产出物的技术要求等方面所进行的可行性分析与评价；项目的经济可行性分析是对项目工作的经济投入与产出和项目产出物的技术经济效果等方面的分析和评价；项目的运营可行性分析是对项目所需的各种条件和项目产出物投入运营后所需的各种支持条件的分析与评价；而项目的综合可行性分析是将前面给出的三个单项可行性分析综合在一起而给出的项目可行性分析与评价。

项目可行性研究的目的包括两个方面：其一是确定项目是否可行，从而得出项目是否立项的结论；其二是确定项目的哪个备选方案最好，并得出各个备选方案的优先序列。项目的初步可行性研究是一种过渡性的工作，有时可以放在编制项目提案或项目建议书阶段完成，有时可以与详细的可行性研究合并进行。

2.1.2 可行性研究内容

不同项目可行性研究的内容及侧重点因行业特点而差异很大，但一般应包括以下内容：

1. 投资必要性

主要根据市场调查及预测的结果，以及有关的产业政策等因素，论证项目投资的必要性。在投资必要性的论证上，一是要做好投资环境的分析，对构成投资环境的各种要素进行全面的分析论证；二是要做好市场研究，包括市场供求预测、竞争力分析、价格分析、市场细分、定位及营销策略论证。

2. 技术可行性

主要从项目实施的技术角度合理设计技术方案，并进行比选和评价。各行业不同项目技术可行性的研究内容及深度差别很大。对于电商项目，可行性研究的技术论证应达到能够比较明确地提出项目线上运行的深度。

3. 财务可行性

主要从项目及投资者的角度设计合理的财务方案，从企业理财的角度进行资本预算，评价项目的财务盈利能力，进行投资决策，并从融资主体（企业）的角度评价股东投资收益、现金流量计划及债务清偿能力。

4. 组织可行性

主要包括制订合理的项目实施进度计划、设计合理的组织机构、选择经验丰富的管理人员、建立良好的协作关系、制订合适的培训计划等，保证项目顺利执行。

5. 经济可行性

主要从资源配置的角度衡量项目的价值，评价项目在实现区域经济发展目标、有效配置经济资源、增加供应、创造就业、改善环境等方面的效益。

6. 社会可行性

主要分析项目对社会的影响，有没有与现有社会政策、法律法规发生冲突的情况。

7. 风险因素及对策

主要对项目的市场风险、技术风险、财务风险、组织风险、法律风险、经济及社会风险等风险因素进行评价，制定规避风险的对策，为项目全过程的风险管理提供依据。

2.1.3 项目可行性分析报告的审批

通过进行可行性研究，可以得到项目可行性分析报告，项目的可行性研究者必须对研究的真实性、准确性和可靠性负责，同时项目可行性分析报告还必须经过决策机构的审批。项目可行性分析报告审批的过程是一个项目最终决策的过程。不管项目可行性分析报告是否通过审批，这一过程的终结都是项目决策阶段的完成。项目可行性分析报告一旦获得审批，那么这一文件就成为今后项目投资决策的依据、项目设计的依据、项目资金筹措和资源配置的依据、项目实施的依据以及项目实施完成并投入运营以后所做的评估依据。

2.2 项目章程

1. 项目章程的定义

项目章程是正式批准一个项目的文档，或者是批准现行项目是否进入下一阶段的文档。项目章程应当由项目组织以外的项目发起人发布，若项目为本组织发起，也可由投资人发布。发布人在组织内的级别应较高，能批准项目，并有相应的为项目提供所需资金的权力。项目章程为项目经理使用组织资源，进行项目活动提供了授权。应尽可能在项目早期确定和任命项目经理。

建立项目章程将使项目与执行组织的日常运营联系起来。在一些组织中，项目只有在需求调研、可行性研究后才被正式批准和启动。

2. 颁发项目章程的因素

项目章程通常是由项目实施组织以外的企业、政府机构、公司、计划组织或综合行动组织，出于以下一个或多个因素而颁发并给予批准的。

（1）市场需求。

（2）营运需要。

（3）客户要求。

（4）技术进步。

（5）法律要求。

（6）社会需要。

上述因素又称问题、机会或营运要求。这些因素的中心主题是：管理部门通常必须作出如何应对及批准何种项目并颁发项目章程的决策。项目选择方法包括测算项目对于项目所有者或赞助人的价值或吸引力，也可能包括其他组织的决策准则。

3. 项目章程的内容

项目章程的编制过程主要关注于记录建设方（项目实施组织）的商业需求、项目立项的理由与背景、对客户需求的现有理解和满足这些需求的新产品、服务或结果。项目章程应当包括以下直接列入的内容或援引自其他文件的内容。

（1）基于项目干系人的需求和期望提出的要求。

（2）项目必须满足的业务要求或产品需求。

（3）项目的目的或项目立项的理由。

（4）委派的项目经理及项目经理的权限级别。

（5）概要的里程碑进度计划。

（6）项目干系人的影响。

（7）职能组织参与的影响。

（8）组织的、环境的和外部的假设。

（9）组织的、环境的和外部的约束。

（10）论证项目的业务方案，包括投资回报率。

（11）概要预算。

2.3 项目启动

2.3.1 项目启动的依据——项目工作说明书

项目工作说明书（以下简称工作说明书）是对项目所要提供的产品、成果或服务的描述。对内部项目而言，项目发起者或投资人基于业务需求，或产品或服务的需求提出工作说明书。

内部的工作说明书有时也叫任务书。对外部项目而言，工作说明书作为投标文档的一部分（如邀标书、投标邀请书或者合同中的一部分），从客户那里得到。

工作说明书需要说明如下事项：

1. 业务需求

一个组织的业务需求可能基于市场需求、技术的进步、培训需求、法律的要求或政府的标准。

2. 产品范围描述

记录项目所要创建的产品的需求以及产品或服务的特征。一般情况下，产品需求说明书在项目的启动过程中并不是很详细，在项目后续的过程中随着产品特征的明确会逐渐细化。这些需求说明书也要记录项目所创造的产品与组织的业务要求之间的关系，或记录项目所创造的产品与引出产品要求的激发因素之间的关系。虽然产品需求文档的形式和实质内容因行业而异，但它应该总是保持足够详细，以支持后续的项目计划。

3. 战略计划

所有项目都要支持组织的战略目标，要把执行组织的战略计划作为项目选择的一个最重要因素来考虑。

在项目启动时，必须考虑影响项目成功的环境、组织的因素和系统。这些因素和系统可能促进项目，也可能阻碍项目，这些因素和系统主要包括下列几项：

（1）实施单位的企业文化和组织结构。

（2）国标或行业标准。

（3）现有的设施和固定资产等基础设施。

（4）实施单位现有的人力资源、人员的专业和技能、人力资源管理政策（如招聘和解聘的指导方针）、员工绩效评估和培训记录等。

（5）当时的市场状况。

（6）项目干系人对风险的承受力。

（7）行业数据库。

（8）项目管理信息系统（可能是工具，也可能是软件，总之，能帮助人们管理项目）。

4. 组织过程资产

组织过程资产包含项目实施组织的企业计划、政策方针、规程、指南和管理系统，以及项目实施组织的知识和经验教训。

在制定项目章程和后续的项目文档时，可以从组织中得到用以促进项目成功的全部的组织过程资产。组织过程资产依据行业的类型、组织和应用领域等几个方面的结合可以有不同的组成形式，组织过程资产可以分成以下两类：

1）组织中指导工作的过程和程序

（1）组织的标准过程，例如标准、政策，如项目管理政策、公司规定的产品和项目生命周期、质量政策和规定。

（2）指导方针、模板、工作指南、评估标准、风险模板和性能测量准则。

（3）用于满足项目特定需求的标准过程的修正指南。

（4）为满足项目的特定需求，对组织标准过程进行剪裁的准则和指南。

（5）组织的沟通要求、汇报制度。

（6）项目收尾指南或要求，例如结项审计、项目评估、产品确认和验收标准指南。

（7）财务控制程序，如汇报周期、必要开支、支出评审、会计编码和标准合同条款。

（8）问题和缺陷管理程序、问题和缺陷的识别和解决、问题追踪。

（9）变更控制流程，包括修改公司正式的标准、方针、计划和程序及任何项目文件，以及批准和确认变更的步骤。

（10）风险控制程序，包括风险的分类、概率和影响矩阵。

（11）批准与发布工作授权的程序。

2）组织的全部知识

（1）项目档案（完整记录以往每个项目的文件、会议记录、收尾信息等，包括基准文件）。

（2）过程测量数据库，用于收集和提供过程和产品的实测数据。

（3）经验学习系统，包括以前项目的选择决策、以往的项目绩效信息和风险管理经验教训。

（4）问题和缺陷管理数据库，包括问题和缺陷的状态、控制、解决方案和解决结果。

（5）管理知识库，包括所有的正式的公司标准、政策、程序和项目文档的各种版本和基线。

（6）财务数据库，包括劳动时间、产生的费用、预算和项目超支费用等信息。

2.3.2　项目启动的方法、技术和工具

1. 项目管理方法

项目管理方法确定了一系列项目过程组、相关的过程和控制功能，并把所有这些合并为

一个整体发挥作用。项目管理方法可以是项目管理标准，也可以不是。项目管理方法可以正式或非正式地帮助项目管理团队有效地制定项目章程。

2. 项目管理信息系统

项目管理信息系统是组织内可用的系统化的自动化工具。项目管理团队用 PMIS 来制定项目章程，细化项目章程以促进反馈，控制项目章程的变更并发布批准的项目章程。

3. 专家判断

专家判断通常用于评估项目启动所需要的信息或依据。在这个过程中，这些判断和专家意见将用于任何技术和管理的细节。这些专家意见由任何具有专门知识或受过专门培训的团体或个人来提供，并可以有多个来源，一般包括以下几种来源：

（1）项目实施组织中的其他单位。

（2）咨询顾问或咨询公司。

（3）项目干系人，包括客户。

（4）专业和技术协会。

（5）行业团队。

2.4 项目范围说明书

2.4.1 项目范围说明书的作用

项目范围说明书也称初步的项目范围说明书，它明确了要完成项目需要做的诸多事项。制定项目范围说明书是一个重要的过程，项目范围说明书明确了项目及其相关的产品或服务的需求和特性，以及范围控制和验收的方法。

2.4.2 项目范围说明书的内容

（1）项目和范围的目标。

（2）产品或服务的需求和特性。

（3）项目的需求和可交付物。

（4）产品验收标准。

（5）项目的边界。

（6）项目约束条件。

（7）项目假设。

（8）最初的项目组织。

（9）最初确定的风险。

（10）进度里程碑。

（11）对项目工作的初步分解。

（12）初步的成本估算。

（13）项目配置管理的需求。

（14）审批要求。

最初的项目范围说明书是依据发起人或赞助人提供的信息制定的，并由项目管理团队在确定范围的过程中进一步细化。项目范围说明书的内容根据其应用领域和项目复杂性的不同而不同，可以包括以上列出的部分或全部内容。

2.4.3　制定项目范围说明书的技术和工具

1. 项目管理方法

项目管理方法帮助项目管理团队制定项目范围说明书，并控制项目范围说明书的变更。

2. 项目管理信息系统

项目管理信息系统是一个自动化的工具，项目管理团队可以使用这个工具来帮助制定项目范围说明书，在细化该文档时促进反馈，控制项目范围说明书的变更，发布已批准的项目范围说明书。

3. 专家判断

在涉及项目范围说明书中的任何技术和管理细节时，都会用到专家的经验和判断。

2.4.4　制定项目范围说明书的输入和输出

1. 制定项目范围说明书的输入[①]

1）项目章程

项目范围说明书是在项目章程的基础上进一步分解和细化而得到的。

2）工作说明书

在制定项目范围说明书的过程中，工作说明书是一项重要的依据与参考。

3）环境和组织因素

项目的实施总是要受到项目实施组织的组织结构、文化和市场等内外部因素的影响。

4）组织过程资产

组织过程资产包含组织中指导工作的过程和程序、组织全部的知识和经验教训，是一项重要的参考资料，体现了项目实施组织的组织智能以及经验教训的传承。

2. 制定项目范围说明书的输出[②]

这一过程的最终输出自然是项目范围说明书。

2.5　项目管理计划

2.5.1　项目管理计划的内容

项目管理计划包括准备、集成和协调所有的分计划，项目管理计划的内容依据项目应用领域和项目复杂性的不同而不同。管理计划通过整体变更控制过程进行更新和修订。项目管理计划明确了如何执行项目、监督和控制项目，以及如何收尾项目。

项目管理计划可以通过批准的变更而改变。

[①]　输入在此指依据或参考的资料。
[②]　输出在此指成果或产出物，即通过制定项目范围说明书这一过程，最后形成的文件成果。

项目管理计划记述了如下内容：

（1）项目背景，如项目名称、客户名称、项目的商业目的等。

（2）项目经理、项目经理的主管领导、客户方联系人、客户方的主管领导、项目领导小组（即项目管理团队）和项目实施小组人员。

（3）项目的总体技术解决方案。

（4）对用于完成项目的工具和技术的描述。

（5）选择的项目生命周期和相关的项目阶段。

（6）项目最终目标和阶段性目标。

（7）进度计划。

（8）项目预算。

（9）变更流程和变更控制委员会。

（10）对于内容、范围和时间的关键管理评审，以便于确定悬留问题和未决决策。

因为项目管理计划可以是概要的或详细的，所以，除了上述的进度计划和项目预算等之外，项目管理计划还可以包含一个或多个分计划。这些分计划包括但不限于以下内容：

（1）范围管理计划。

（2）质量管理计划。

（3）过程改进计划。

（4）人力资源管理计划。

（5）沟通管理计划。

（6）风险管理计划。

（7）采购管理计划。

如果需要并且能够达到特定项目的细节要求，上述计划均可包括在项目管理计划内。项目管理计划也叫项目整体管理计划、整体计划或项目计划。

2.5.2　编制项目管理计划遵循的基本原则

编制项目管理计划遵循的基本原则有全局性原则、全过程原则、人员与资源的统一组织与管理原则、技术工作与管理工作的统一协调原则等。具体而言，可以细分为以下原则：

1. 目标的统一管理原则

项目的各干系人通常有不同的甚至是互相冲突的要求，所以，在编制项目管理计划时要作出权衡，统一管理他们的要求，使项目目标被所有的干系人赞同、接受或至少他们不会强烈反对。这就对目标的统一管理。

多数项目的客户对项目目标不一定有整体的理解。在编制项目管理计划时要为客户进行全目标的统一管理，以实现客户的要求。

项目进度、成本和质量三个目标既互相关联，又互相制约。编制项目管理计划时需要统一管理三者的关系。

项目经理在管理项目时，很难做到面面俱到，也很难照顾到所有的项目目标，因此需要对项目目标进行优先级排序，以确保重要的目标。

2. 方案的统一管理原则

不同的技术和管理方案对不同的项目干系人和不同的项目目标会有不同的影响，例如方案甲对干系人张某更为有利，而对干系人李某却略有不利，对质量目标更为有利，而对实现进度要求略显不利；而方案乙则相反。在这种情况下，编制项目管理计划时就要对各种方案加以统一管理，权衡各方面的利弊，找出可接受的方案，或取长补短，找出折中方案，尽可能地满足各方干系人的需求。

3. 过程的统一管理原则

项目整体管理的任务之一是对项目全生命周期进行管理。各个管理过程与项目生命周期的各个阶段有紧密的联系，各个管理过程在每个阶段中至少发生一次，必要时会循环多次。项目阶段的统一管理首先需要通过制订统一的项目管理计划来实现，然后通过积极执行这个项目管理计划来实施项目，在项目的实施过程还要对任何变更进行统一管理，直至项目收尾。

4. 技术工作与管理工作的统一协调原则

依时间的先后顺序，统一地、协调地、综合地协调技术工作与管理工作。

5. 计划的统一管理原则

项目管理计划作为整体计划，要求对范围、进度统一管理，以做到整体计划与分计划的协调与统一。

6. 人员与资源的统一组织与管理原则

在制订项目管理计划时，除了要把预算、质量等分计划纳入项目管理计划内统一管理外，还需要遵循对人员与资源的统一组织与管理原则。

7. 项目干系人的参与原则

项目干系人尤其是后续实施人员参与项目管理计划的制订过程，不仅可以让他们了解计划的来龙去脉，提高他们在项目的实施过程中对计划的把握和理解，更重要的是，因为他们的参与包含了他们对项目管理计划的承诺，因而可以提高他们执行项目管理计划的自觉性。

8. 逐步精确原则

项目管理计划的制订过程，反映了项目渐进明细的特点，也就是近期的计划制定得详细些，远期的计划制定得概要一些，随着时间的推移，项目管理计划在不断地细化。

2.5.3　编制项目管理计划工作流程

编制项目管理计划的过程是一个渐进明细、逐步细化的过程。一般地，编制项目管理计划的大致过程如下：

（1）明确目标。编制项目管理计划的前提是明确项目目标和阶段目标。

（2）成立初步的项目团队。成员随着项目的进展可以在不同时间加入项目团队，也可以随着分配的工作完成而退出项目团队。但最好都能在项目启动时参加项目启动会议，了解总体目标、计划，特别是自己的目标职责、加入时间，等等。

（3）工作准备与信息收集。项目经理组织前期加入的项目团队成员准备项目工作所需要的规范、工具、环境，如开发工具、源代码管理工具、配置环境、数据库环境等，并在规定的时间内尽可能全面地收集项目信息。

（4）依据标准、模板，编写初步的概要的项目管理计划。

（5）编写范围、质量、进度、预算等分计划。

（6）把上述分计划纳入项目管理计划，然后对项目管理计划进行综合平衡、优化。

（7）项目经理负责组织编写项目管理计划。项目管理计划应包括计划主体和以附件形式存在的其他相关分计划，如范围、进度、预算、质量等分计划。

（8）评审与批准项目管理计划。

获得批准后的项目管理计划就成为项目的基准计划。

2.5.4 制定项目管理计划的主要方法

1. 项目管理方法

项目管理方法帮助项目管理团队依据企业管理层的要求、项目的具体情况，制订有针对性的项目管理计划和变更控制策略，如管理项目时是进度优先，还是质量优先，还是成本优先等。

2. 项目管理信息系统

项目管理团队利用项目管理信息系统制订项目管理计划，支持文档制定后的反馈，控制项目管理计划的变更，发布已批准的文件。

3. 专家判断

当制订项目管理计划时，专家判断运用于如下各项内容：

（1）剪裁标准过程中不合理的部分以满足项目需要。

（2）制定包含在项目管理计划中的技术和管理细节。

（3）确定为了完成项目工作所需的资源和技能水平。

（4）确定在项目上应用配置管理的程度。

（5）确定哪些项目文件将纳入正式的变更控制过程。

2.5.5 制定项目管理计划的输入、输出

1. 制定项目管理计划的输入[①]

1）项目章程

项目章程是正式批准一个项目的文档，或者是批准现行项目是否进入下一阶段的文档。

2）项目范围说明书

项目范围说明书明确了项目及其相关的产品或服务的需求和特性以及项目的边界，等等。

3）来自各计划过程的输出文件

来自后面各计划过程的输出文件，可以作为分计划集成到项目管理计划中。此外，更新这些计划过程的输出文件，也会导致项目管理计划的必要更新。

4）预测

预测就是依据当前可用的信息和知识，对项目未来的情况和事件进行估计和预算。当项目执行时，预测可以依据工作绩效信息进行更新和再次发布。这些信息包括有关项目以往执行的绩效和任何可能在将来影响项目的信息，例如估计完成状态和完工估计。

---

① 输入在此指依据或参考的资料，即依据哪些资料或文件信息来制订项目管理计划。

5）环境和组织因素

能影响制订项目管理计划的环境和组织因素包括但是不限于以下几项：

（1）政府或者行业标准。

（2）项目管理信息系统（例如自动工具套件、进度管理的软件工具、信息收集和分配系统、协同办公软件等）。

（3）基础设施（例如现有的设施和生产设备）。

（4）人事管理（例如招聘、内部选拔、辞退政策、员工绩效评估以及培训记录）。

6）组织过程资产

组织过程资产包括组织中指导工作的过程和程序、组织全部的知识和经验教训。

7）工作绩效信息

项目管理计划可能因过程变更而改变，也可能在项目的执行过程中由于发现该计划偏离实际而变更，所以要收集项目的工作绩效包括实际完成的交付物、实际的进度、实际的成本、实际的用工量等。

工作绩效信息包括但不限于下述内容：

（1）计划进度与实际进度。

（2）哪些可交付物已经完成，哪些还没有完成。

（3）进度表中的哪些活动已经开始，哪些已经结束。

（4）质量标准符合到何种程度。

（5）预算的执行情况。

（6）活动的完工估计。

（7）活动的实际完成百分比。

（8）已被记录并送入经验知识库的经验教训。

2. 制定项目管理计划的输出①

1）项目管理计划

经项目各有关干系人同意的项目管理计划就是项目的基准，为项目的执行、监控和变更提供了基础。

2）配置管理系统

配置管理是通过对在产品生命周期的不同时间点上的产品配置项进行标识，并对这些标识的产品配置项的更改进行系统控制，从而达到保持产品完整性、一致性和可溯性的过程。配置管理系统是整体项目管理信息系统的一个分系统。这一系统包括提交建议的变更，对所建议变更的评审和批准的跟踪，授权变更的批准级别，以及对已批准变更的确认方法。在大多数领域内，配置管理系统包括了变更控制系统。配置管理系统也是对下列情况进行技术指导和管理监督的集合，这些情况一般包括以下几种：

（1）识别并记录产品或其部件的功能和物理特征。

（2）控制对这些特性的变更。

（3）记录并报告每项变更及其实施状态。

（4）支持对产品或其部件的审核，以验证其与需求的符合性。

---

① 输出在此指成果或产出物，即通过制订项目管理计划这一过程，最终形成哪些文件成果或管理系统或信息资料。

3. 变更控制系统

变更控制系统是规定了如何控制、改变和批准项目可交付物和文档的正式规范的集合。变更控制系统是配置管理系统的一个子系统。例如，对于电子商务项目而言，一个变更控制系统包括对项目每个环节（如选型、美工、推广等）的控制。

2.6 项目执行的管理

项目管理计划制订完成后，是不是把项目管理计划发到各个有关人员手里，他们就会自动按计划的要求 100% 地去执行呢？事实告诉我们不是这样的，项目经理还要去指导、检查以及收集项目管理计划的执行情况，向有关的干系人报告项目的实施情况，建设项目团队，沟通和协调各相关干系人。

对项目的执行进行统一协调的管理，把握项目实施的全局，正是项目执行的管理过程的任务。

所以，项目执行的管理过程不仅要关注项目产品的完成情况，还要关注项目的进度，关注项目预算的执行情况，关注项目的各过程和可交付物的质量，关注项目的范围、进度、成本和质量等子目标之间的冲突与协调，以及项目各有关干系人之间的冲突与协调。

在项目计划完成后，项目经理要对实施人员进行相应的授权，以使他们承担的责任和拥有的权力相称。然后项目经理以项目计划和事实为依据，积极跟进项目的实施，对项目进行检查、指导和监督。

项目执行的管理过程要求项目经理和项目团队采取行动执行项目管理计划以实现项目的目标。这些行动包括以下几项：

（1）按列入计划的方法和标准执行项目活动，完成项目要求。

（2）完成项目的交付物。

（3）配备、培训并管理分配到项目的团队成员。

（4）建立和管理项目团队内外部沟通渠道。

（5）收集实际数据以方便预测，这些数据包括成本、进度、技术、质量和状态等方面的实际数据。

（6）将批准的变更落实到项目的各计划中。

（7）管理风险并实施风险应对活动。

（8）管理分包商和供应商。

（9）收集和记录经验教训，执行批准的过程改进活动。

项目经理带领项目管理团队一起按计划指导项目活动的执行，并管理存在于项目内的各种技术接口和组织接口。项目执行过程受项目应用领域的直接影响。可交付物是执行项目管理计划过程的一种输出，收集可交付物的完成状态及那些已经完成的工作绩效信息是项目执行工作的一部分。

在项目执行的管理过程中还要实施以下工作：

（1）用已批准的纠正措施使预期的项目绩效符合项目管理计划。

（2）用已批准的预防措施来降低潜在负面结果出现的可能性。

（3）用已批准的缺陷修复申请来改正在质量审查过程中发现的产品缺陷。

2.6.1　项目执行管理的方法

项目经理要在项目的执行过程中，综合运用领导艺术和管理艺术，带领项目团队执行项目管理计划以完成项目目标。

1. 项目管理方法

项目管理方法为项目执行的管理提供了方法。例如管理项目时，是关注整体综合平衡还是进度优先，还是质量优先，还是成本优先等。

2. 项目管理信息系统

项目管理信息系统作为一个工具软件，被项目管理团队用来辅助管理项目管理计划中所规定的活动。

2.6.2　项目执行管理的输入、输出

1. 项目执行管理的输入

1）项目管理计划

项目管理计划是指导和梳理项目执行的依据。

2）已批准的纠正措施

已批准的纠正措施就是为了使预期的项目绩效符合项目管理计划的要求所形成的指导文件。

3）已批准的预防措施

已批准的预防措施就是为降低项目风险发生的可能性而需要的指导文件。

4）已批准的变更申请

已批准的变更申请就是对扩大或缩小项目范围而授权的指导文件，批准的变更申请也可能修改项目的指导方针、项目管理计划、规范、预算或进度。批准了的变更申请由项目团队来安排实施。

5）已批准的缺陷修复

已批准的缺陷修复是对在质量审查或审核过程中发现的缺陷进行纠正的指导文件。

6）确认缺陷修复

确认缺陷修复就是经再次审查的修复项已经被接受或被拒绝的通知。

2. 项目执行管理的输出

项目执行管理的输出是项目经理带领项目团队依据项目管理计划、已批准的纠正措施、已批准的预防措施等，执行项目计划而收到的结果。在这个执行过程中，也可能有新的变更请求，同时也有大量的工作绩效信息。

1）可交付成果

可交付成果是指在项目管理计划文件中确定的、项目已完成的、独特的、可验证的产品、成果或服务。

2）请求的变更

在执行项目的过程中，经常会提出诸如扩大或缩小项目范围，修改项目方针、项目管理计划、规范，调整预算或是修订项目进度之类的变更。变更的申请可以是直接的或非直接的，可以出自内部或外部，可能是法律或合同强制的，一般都有书面记录。

3）已实施的变更

由项目管理团队在项目执行阶段实施的变更请求。

4）已实施的纠正措施

已经由项目团队实施的、为使预期的项目绩效与项目管理计划保持一致的纠正措施。

5）已实施的预防行动

已经由项目团队执行的、为降低项目风险可能性而采取的预防措施。

6）已实施的缺陷修复

已经由项目团队执行了的产品缺陷修复措施。

7）工作绩效数据

随着项目的进展，已经收集到的项目活动的各种数据。这些数据包括但不限于以下几项：

（1）可交付成果的状态。

（2）实际进度。

（3）已产生的成本。

（4）实际质量、实际的生产率等。

第 3 章

项目实施

    项目实施是指当项目的立项及论证完成之后,项目执行者运用所具备的人力、财力、物力将项目付诸实际的过程。

    项目控制要有明确的控制目标和目标体系,要对产生的偏差及时地予以发现,要考虑项目管理组织实施控制的代价,控制的方法及程序要适合项目实施组织和项目团队的特点。

3.1　范围管理

    范围管理确定在项目内包括什么工作和不包括什么工作,由此界定的项目范围在项目的生命周期内可能因种种原因而变化,项目的范围管理就是要管理项目范围的这种变化。

3.1.1　范围管理过程

    项目范围的变化也叫变更。对项目范围的管理,是通过 5 个管理过程来实现的。

    1. 编制范围管理计划

    编制一个项目的范围管理计划,以规定如何界定、检验、控制范围,以及如何创建与运用工作分解结构。

    2. 范围界定

    这一过程确定了关于项目和产品的详细描述。这些描述被写在详细的项目范围说明书里,作为将来项目决策的基础。

    3. 创建工作分解结构

    将项目的可交付成果和项目工作细分为更小的、更易于管理的单元。在项目的范围管理过程中,最常用的工具就是工作分解结构。工作分解结构是一种以结果为导向的分析方法,用于分析项目所涉及的工作,所有这些工作构成项目的整个工作范围。WBS 为项目进度管理、成本管理和范围变更提供了基础。

    4. 范围确认

    这一过程决定是否正式接受已完成的项目可交付成果。

    5. 范围控制

    这一过程监控项目和产品的范围状态,管理范围变更。

    项目章程、项目范围说明书、项目管理计划的完成,为编制范围管理计划提供了依据。

而范围管理计划为范围界定、和创建工作分解结构提供了方法。

编制范围管理计划、范围界定和创建工作分解结构属于计划过程。而范围确认和范围控制则属于监控过程。

这些过程之间及其与其他领域的过程之间彼此互相影响。根据项目需要，每个过程可能需要一人或多人的努力。每个过程通常在项目中至少发生一次。如果项目被划分为不同的阶段，每个过程通常至少在项目的某个阶段中发生一次，甚至可能在多个阶段被执行多次。

在理论中，这些过程是各自独立的组成部分，但是在实践中，它们是以各种形式重叠和相互影响的。

3.1.2 编制范围管理计划

项目范围的界定和管理过程将影响到整个项目是否成功。每个项目都必须慎重地权衡工具、数据来源、方法论、过程和程序以及一些其他因素，以确保在管理项目范围时所做的努力与项目的规模、复杂性和重要性相符。例如，关键项目需要做正式的、彻底的范围管理。而常规项目则可以相应地简化。项目管理团队要把这种决策写入范围管理计划中，

范围管理计划是一个计划工具，用以描述该团队如何界定项目范围、如何编制详细的范围说明书、如何创建工作分解结构，以及如何验证和控制范围。

项目管理团队在编制范围管理计划时，需要联系实际工作，考虑各种主要的制约因素。例如，准备采取的行动是否有可能违背本组织的既定方针，某些活动之间是否存在必然的联系等。

保证一个计划的合理性，必然需要合理、科学的分析方法和技术来支持，对于编制项目范围管理计划所使用的工具与技术，可以采用专家判断、模板、表格和标准等方法。

编制范围管理计划，需要合理的、有效的根据，以制订出能指导项目顺利进行的计划。一般而言，编制范围管理计划，需要项目合同、初步的项目范围说明书、组织过程资产、环境和组织因素以及初步的项目管理计划作为根据。

3.1.3 范围界定

范围界定过程是详细描述项目和产品的过程，要求把结果写进详细的项目范围说明书中。准备一个详细的项目范围说明书，对项目的成功是至关重要的，这个工作基于在项目启动阶段的主要可交付物（如初步的项目范围说明书）、假定条件以及约束上。当获知更多的项目信息时，项目范围被更清晰地界定和描述。为了完成项目，要分析现存的风险、假定条件以及约束，同时要把新发现的风险、假定条件以及约束追加到详细的项目范围说明书中。

范围界定这一过程的主要交付物是项目范围说明书。在范围界定过程中，还可能对项目的管理计划进行更新。

项目范围说明书详细描述了项目的可交付物以及产生这些可交付物所必须做的工作。项目范围说明书在所有项目干系人之间建立了一个对项目范围的共同理解，描述了项目的主要目标，使项目团队能进行更详细的计划，指导项目团队在项目实施期间的工作，并为评估是否为客户需求进行变更或附加的工作是否在项目范围之内提供基准。

1. 项目范围说明书（详细）

也可以把"项目范围说明书（详细）"称为"详细的项目范围说明书"。详细的项目范围说明书包括的直接内容或引用内容如下：

1）项目目标

项目目标包括成果性目标和约束性目标。项目成果性目标指通过项目开发出满足客户要求的产品、服务或成果。项目约束性目标是指完成项目成果性目标需要的时间、成本以及要求满足的质量。

2）产品范围描述

这部分内容描述了项目承诺交付的产品、服务或成果的特征。这种描述随着项目的开展，其产品特征会逐渐细化。

3）项目可交付物

项目可交付物包括项目的产品、服务或成果，以及附属产出物，例如项目管理报告和文档。根据需要，可交付物可以被描述得比较简单，也可以很详细。

4）项目边界

项目边界严格地规定了哪些事项属于项目的范围，也明确地说明了什么事项不属于项目的范围。

5）产品验收标准

该标准明确规定了验收可交付物的过程和原则。

6）项目约束条件

这部分内容描述和列出了具体的与项目范围相关的约束条件（也可以简称为约束），约束条件对项目团队的选择会造成限制。例如，客户或组织发布的预算或任何强加的日期（进度里程碑）都应被包括在内。当一个项目按合同执行时，合同条款通常是约束条件。约束条件应该列入项目范围说明书或单独的文档。

7）项目的假定（假设）

这部分内容描述并且列出了特定的与项目范围相关的假设，以及当这些假定不成立时对项目潜在的影响。作为计划过程的一部分，项目团队经常识别、记录和确认假定。假定条件应该列入项目范围说明书或单独的文档。

2. 更新的项目文档

此处略。

3.1.4 创建工作分解结构

创建工作分解结构是把项目可交付物和项目工作逐步分层分解为更小的、更易于管理的项目单元的一个过程，它组织并界定了整个项目范围。项目的工作分解结构（WBS）是管理项目范围的基础，详细描述了项目所要完成的工作。WBS 的组成要素有助于项目干系人检查项目的最终产品。

WBS 的最底层工作单元是能够被评估的、可以安排进度的和被追踪的。

WBS 的最底层工作单元被称为工作包，它是界定工作范围、规定项目组织、设定项目产品的质量和规格、估算和控制费用、估算时间周期和安排进度的基础。

如果准确无误地分解出 WBS，使 WBS 得到了项目干系人的认可，那么凡是出现在 WBS 中的工作都应该属于项目的范围，都是应该完成的。凡是没有出现在 WBS 中的工作，则不属于项目的范围。

WBS 一般用图形或列表形式表示。WBS 包含了项目的全部工作，包括项目的管理工作以及实现最终产品或服务所必须进行的技术工作，也是制定进度、分配人员、分配预算的基础。

1. 当前较常用的工作分解结构表示形式

1）树型结构

这种结构类似于组织结构图，如图 3-1 所示。

树型结构的 WBS 层次清晰，非常直观，结构性很强，但不是很容易修改，对于大的、复杂的项目也很难表示出项目的全景。由于其非常直观，一般在一些中小型的应用项目中用得较多。大型的项目要分解为多个子项目进行统一管理，大型项目的 WBS 要首先分解为子项目，然后由各子项目进一步分解出自己的 WBS。

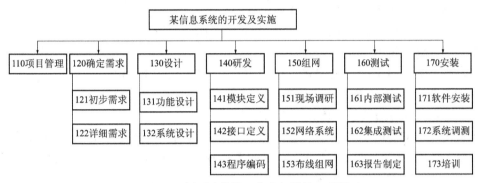

图 3-1 树型结构的工作分解结构示意图

2）列表形式

这种结构类似于书籍的分级目录，最好是直观的缩进格式，如图 3-2 所示。

	O	任务名称
1		⊟ 项目范围规划
2		确定项目范围
3		获得项目所需资金
4		预备资源
5		获得核心资源
6		项目范围规划完成
7		⊟ 分析/软件需求
8		行为需求分析
9		起草初步的软件规范
10		制定初步预算
11		工作组共同审阅软件规范/预算
12		根据反馈修改软件规范
13		确定交付期限
14		获得开展后续工作的批准（概念）
15		获得所需资源
16		分析工作完成
17		⊟ 设计
18		审阅初步的软件规范
19		制定功能规范
20		根据功能规范开发原型
21		审阅功能规范
22		根据反馈修改功能规范
23		获得开展后续工作的批准
24		设计工作完成

图 3-2 列表形式的工作分解结构示意图

该表格能够反映出项目所有的工作要素,可是直观性较差,常用在一些大的、复杂的项目中,因为有些项目分解后,内容分类较多,容量较大,用缩进图表的列表形式表示比较方便,也可以装订成册。在项目管理工具软件中,也会采用列表形式的 WBS。

2. 创建 WBS

分解是将项目可交付物分成更小的、更易于管理的单元,直到可交付物细分到足以支持未来的(不能再分的)、清晰规定项目活动的工作包(业内一般把一个人两周能干完的工作称为一个工作包,或把一个人 80 小时能干完的工作称为一个工作包)。依据分解得到的工作包能够可靠地估计出成本和进度,工作包的详细程度取决于项目的规模和复杂程度。

1)把整个项目的工作分解为工作包包括的活动

(1)识别和分析项目可交付物和与其相关的工作。

(2)构造和组织 WBS。

(3)把高层次的 WBS 工作分解为低层次的、详细的工作单元。

(4)为 WBS 的工作单元分配代码。

(5)确认工作分解的程度是必要和充分的。

把项目可交付物和项目工作构造组织成为 WBS,进而满足项目管理团队的控制和管理的需求,是一种好的分析方法。在此过程中,如果有 WBS 模板,则尽可能地使用 WBS 模板。

2)创建工作分解结构的三种方法

(1)把项目生命周期的阶段作为分解的第一层,而把项目可交付物安排在第二层,如图 3-3 所示。

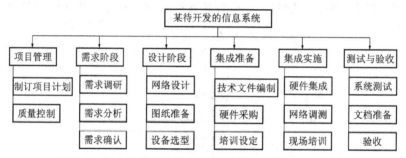

图 3-3 某电商平台软件系统项目的工作分解结构示意图

(2)把项目重要的可交付物作为分解的第一层,如图 3-4 所示。

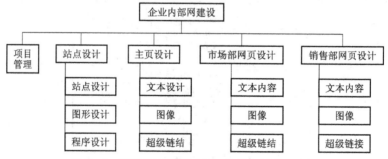

图 3-4 某网站建设项目的工作分解结构示意图

(3)把子项目安排在第一层,再分解子项目的 WBS。

3）在创建工作分解结构的时候一般遵从的主要步骤

（1）识别和确认项目的阶段和主要可交付物。首先识别出项目生命周期的各个阶段，然后把每个阶段的可交付物确认出来。

（2）分解并确认每一组成部分是否分解得足够详细。一般来讲，至少要分解到可以合理地对其进行成本和时间的估算为止。

（3）确认项目主要可交付物的组成要素。可交付物的组成要素应当用有形的、可检验的结果来描述，以便据此进行绩效评估。

（4）核实分解的正确性。核对分解是否正确，可以通过回答下列问题来确定：

①最底层要素（工作单位）对项目分解来说是否是必需的而且充分的呢？如果不是，则必须修改组成要素（例如添加、删除或重新界定）。

②每个组成要素的界定是否清晰完整？如果不完整，则需要修改或扩展描述。

③对每个组成要素是否都能够恰当地编制进度和预算？是否能够分配到愿意接受职责并能够圆满完成这项工作的具体组织单元（例如部门、项目队伍或个人），如果不能，需要做必要的修改，以保证合理地管理控制。

4）创建工作分解结构应把握的原则

（1）在各层次上保持项目的完整性，避免遗漏必要的组成部分。

（2）一个工作单元只能从属于某个上层单元，避免交叉从属。

（3）相同层次的工作单元应有相同性质。

（4）工作单元应能分开不同的责任者和不同的工作内容。

（5）便于项目管理者进行计划和控制。

（6）最底层的工作单元应该具有可比性，是可管理的、可定量检查的。

（7）应包括项目管理工作（因为管理是项目具体工作的一部分），包括分包出去的工作。

（8）WBS 最底层的工作单元是工作包。一个项目的 WBS 是否分解到工作包，跟项目的阶段、复杂程度和规模有关，一般来说，早期或复杂或大规模的项目，其 WBS 的分解层次要大一些、粗一些。

创建工作分解结构的主要结果就是 WBS；在这个过程中，可能需要更新项目范围管理计划。因为实际的工作分解过程，也是对项目范围描述与否准确、清晰和合理的一个验证过程，如果出现不一致，应该及时更正。

3.1.5　范围确认

范围确认是项目干系人正式验收并接受已完成的项目可交付物的过程，也称为范围核实过程。项目范围确认包括审查项目可交付物，以保证每一可交付物令人满意。如果项目在早期被终止，项目范围确认过程将记录其完成的情况。

项目范围确认应该贯穿项目的始终。范围确认与质量控制不同，范围确认是有关工作结果的接受问题，而质量控制是有关工作结果正确与否的问题，质量控制一般在范围确认之前完成，当然也可并行进行。

3.1.6　范围控制

此书不详述。

3.2　项目进度管理

每一个项目都有一个进度要求，项目进度管理就是保证项目的所有工作都在一个指定的时间内完成。

3.2.1　项目进度管理涉及的主要过程

项目进度管理包括 6 个管理过程：

1. 活动确认

确认一些特定的活动（工作），完成这些活动，就完成了总项目的各项目细目。

2. 活动排序

明确各活动之间的顺序等相互依赖关系，并形成文件。

3. 活动资源估算

估算每一项活动所需要的材料、人员、设备以及其他物品的种类与数量。

4. 活动历时估算

估算完成各项活动所需工时。

5. 制订进度表

分析活动顺序、历时、资源需求和进度约束来编制项目的进度计划。

6. 进度控制

监控项目状态、维护项目进度并在必要时管理进度变更。

以上过程彼此相互影响，同时也与外界的过程交互影响。基于项目的需要，每一个过程都涉及一人、多人或者多个小组的努力，每一个过程在每一个项目中至少出现一次。如果这个项目被划分成几个阶段的话，每一个过程会在一个或多个项目阶段出现。虽然这几个过程在理论上是作为界限分明的独立过程，但在实践中，它们也许是重叠和相互影响的。

有些项目，尤其是有较小范围的项目，其活动确认、活动排序、活动资源估算、活动历时估算和制订进度表是如此紧密地联系在一起的，以至于它们被看作是能在较短的时间内由一个人完成的单一过程。

3.2.2　项目进度管理计划

在执行项目进度管理的 6 个过程之前，项目管理团队已经努力开展了计划制订工作。这个计划制订工作是制订项目管理计划过程的一部分，也就是制订项目进度管理计划。制订项目进度管理计划要选择进度编制方法、进度编制工具以及确定并规范制订进度过程和控制项目进度过程的准则。

项目进度管理过程及其相关的工具和技术应写进项目进度管理计划（以下简称项目进度）。项目进度管理计划包含在项目整体管理计划之内，是整体管理计划的一个分计划。它可能是正式的或者非正式的、非常详细或者相当概括，这基于项目的需要以及适当的控制而定。

除非编制项目管理计划过程已经确定了编制进度的方法，否则，应根据组织过程资产来确定编制进度方法，根据环境和组织因素来选择编制进度工具。

制订项目进度时会使用进度管理前几个过程（活动确定、活动排序、活动资源估算、活动历时估算）的结果，同时使用进度编制工具。当项目进度定稿并获批准后，项目团队就有了用于控制进度的项目进度基准。当实施项目活动时，进度管理知识域中的主要成果大多用于进度控制过程，进度控制过程提供了及时完成项目的手段。

3.2.3　项目进度管理计划的编制

1. 甘特图法

用甘特图法编制项目进度管理计划，如图 3 - 5 所示。

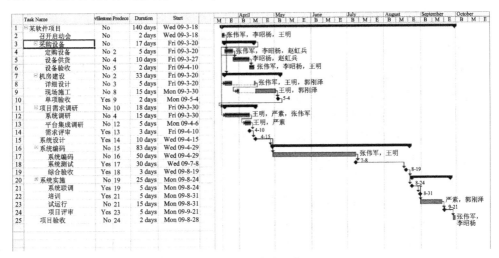

图 3 - 5　甘特图法

2. 表格表示法（如表 3 - 1 所示）

表 3 - 1　表格表示法

任务	持续时间	占总项目完成%	开始时间	结束时间	前导任务	人员安排
1. 原型设计	10 天	25%	2008 - 08 - 7	2008 - 08 - 21		李浩
2. 原型开发	15 天	38%	2008 - 08 - 22	2008 - 09 - 11	1	李浩
3. 原型演示	2 天	5%	2008 - 09 - 12	2008 - 09 - 15	2	杨阳
4. 原型修改	4 天	10%	2008 - 09 - 16	2008 - 09 - 19	3	杨阳
5. 原型确认	2 天	5%	2008 - 09 - 22	2008 - 09 - 23	4	王明
6. 原型修改	6 天	15%	2008 - 09 - 24	2008 - 09 - 29	5	杨阳
7. 原型最后确认	1 天	2%	2008 - 09 - 30	2008 - 09 - 30	6	王明、张晓

3. PERT 法

PERT 为计划评审技术，用公式表示如下：

$$t_i = \frac{a_i + 4c_i + b_i}{6}$$

t_i 为 i 项活动的期望时间，a_i 表示第 i 项活动的乐观时间（Optimistic Time），c_i 表示第 i 项活动的最可能时间（Most Likely Time），b_i 表示第 i 项活动的悲观时间（Pessimistic Time）。

3.3 项目成本管理

在项目中，成本是指项目活动或其组成部分的货币价值或价格，包括为实施、完成或创造该活动或其组成部分所需资源的货币价值。具体的成本一般包括直接工时、其他直接费用、间接工时、其他间接费用以及采购价格。

项目全过程所耗用的各种成本的总和为项目成本。

3.3.1 项目成本管理

1. 项目成本管理的过程

项目管理受范围、时间、成本和质量的约束，项目成本管理在项目管理中占有重要的地位。项目成本管理就是要确保在批准的预算内完成项目。具体的项目成本管理要靠制订成本管理计划、成本估算、成本预算、成本控制四个过程来完成。

（1）制订成本管理计划——制订项目成本结构、估算、预算和控制的标准。

（2）成本估算——编制完成项目活动所需资源的大致成本。

（3）成本预算——合计各个活动或工作包的估算成本，以建立成本基准。

（4）成本控制——分析影响或造成成本偏差的因素，控制项目预算的变更。

这些过程不仅彼此交互作用，而且与其他知识领域的过程交互作用。根据项目的具体需要，每个过程都可能涉及一个或多个个人或集体所付出的努力。一般来说，每个过程在每个项目中至少出现一次。如果项目被分成几个阶段，则每个过程将在一个或多个项目阶段中出现。在实践中，它们可能交错重叠与相互作用。

虽然项目成本管理主要关心的是完成项目所需资源的成本，但也必须考虑项目决策对项目产品、服务或成果的使用成本、维护成本和支持成本的影响。例如，限制设计审查的次数有可能降低项目成本，但同时就有可能增加客户的运营成本。广义的项目成本管理通常称为生命周期成本计算。生命周期成本计算经常与价值工程技术结合使用，以降低成本，缩短时间，提高项目可交付成果的质量和绩效，并优化决策过程。

在许多应用领域，对项目产品未来的财务绩效的预测与分析是在项目之外完成的。

但在另外一些领域（如基础设施项目），项目成本管理却包括预测与分析这项工作。如果包括预测与分析这项工作，则项目成本管理就需要增加一些过程和许多通用管理技术，如对投资回报率、折现现金流量、投资回收的分析等。

项目成本管理应当考虑项目干系人的信息需要，不同的项目干系人可能在不同的时间，以不同的方式测算项目的成本。例如，物品的采购成本可在作出承诺、发出订单、送达货物、货物交付时，在实际成本发生时或为会计核算目而记录实际成本时进行测算。

就某些项目特别是小项目而言，成本估算和成本预算之间的关系极其密切，以至于可以将其视为一个过程，由一个人在相对短的时间段内将其完成。在这里，我们还是将其作为不同的过程进行介绍，因为其所用的工具和技术各不相同。

2. 项目成本失控的原因

项目成本控制工作是在项目实施过程中，通过项目成本管理尽量使项目实际发生的成本控制在预算范围之内。如果项目建设的实际成本远远超出批准的投资预算，就表明出现了成本失控。发生成本失控的原因主要有以下几点：

1）对项目认识不足

（1）对电子商务项目成本控制的特点认识不足，对难度估计不足。

（2）项目的规模不合理，一个大而全的项目往往导致工期很长，而且导致项目实施的技术难度太高，导致技术人员在投入方面跟不上项目建设的需要，并且建设单位各部门对电子商务项目的接受能力和观念的转变跟不上电子商务发展的需要。

（3）项目的设计人员和实施人员缺乏成本意识，导致项目的设计不满足成本控制的要求。

（4）对项目成本的使用缺乏责任感，随意开支，铺张浪费。

2）组织制度不健全

（1）制度不完善。

（2）责任不落实。缺乏成本控制的责任感，在项目各个阶段，工作包没有落实具体的成本控制人员。

（3）承建单位项目经理中没有明确的投资分工，导致对投资控制的领导督查不力。

3）方法问题

（1）缺乏用于项目投资控制所需要的有关报表及数据处理的方法。

（2）缺乏系统的成本控制程序和明确的具体要求，在项目进展的不同阶段对成本控制任务的要求不明确，在项目进展的整个过程中缺乏连贯性的控制。

（3）缺乏科学、严格、明确且完整的成本控制方法和工作制度。

（4）缺乏对计算机辅助投资控制程序的利用。

（5）缺乏对计划值与实际值进行动态的比较分析，或不能及时提供各种需要的状态报告及经验总结。

4）技术的制约

（1）由于估算项目成本发生在项目建设的早期阶段，人们对项目的相关信息了解不深，项目规划设计不够完善，不能满足成本估算的需求。

（2）采用的项目成本估算方法不恰当，与项目的实际情况不符，或与所得到的项目数据资料不符。

（3）项目成本计算的数据不准确或有漏项，从而导致计算成本偏低。

（4）设计者未对设计方案进行优化，导致项目设计方案突破项目成本目标。

（5）物资或设备价格的上涨，大大超过预期的浮动范围。

（6）项目规划和设计方面的变更引起相关成本的增加。

（7）对项目实施中可能遇见的风险估计不足，导致实施成本大量增加。

3. 制订成本管理计划

执行项目成本管理的第一个过程，就是由项目管理团队制订项目成本管理计划，该过程是编制项目整体管理计划过程的一部分。制订项目成本管理计划的结果就是生成成本管理计划（文件），成本管理计划中列出了模板并制定了项目成本结构、估算、预算和控制的标准。

3.3.2　项目成本估算与预算

1. 成本估算

估算活动的成本，涉及估算完成每项活动所需资源的近似成本。在估算成本时，估算人员需考虑估算成本出现偏差的可能原因（包括风险）。

成本估算包括识别和考虑各种成本计算方案。如在多数应用领域，在设计阶段多做些额外的工作，就可能减少执行阶段和产品运行时的成本。在成本估算过程，需考虑预期的节省成本能否弥补额外设计工作的成本。

成本估算一般以货币单位（人民币、美元、欧元、日元等）表示，从而方便在项目内和不同项目间比较。在某些情况下，估算人员可随成本估算使用测量单位（如人/时、人/日），以便合理地管理控制。

随着项目的推进，可对成本估算进行细化，以反映额外的详细细节。在整个项目生命周期内，成本估算的准确性随着项目绩效的提高而提高。例如在启动阶段，成本估算为粗略估算，估算范围为 -50% ~ +100%。在项目后期，因为了解了更多的信息，估算精度范围能缩小到 -10% ~ +15%。在一些应用领域，成本估算已形成指导方针，用于确定何时完成细化和期望达到何种精度。

除了项目直接成本外，成本估算还需要考虑但容易被忽视的主要因素有以下几种：

1）非直接成本

这是指不在 WBS 工作包上的成本，如管理成本、房屋租金、保险等。

其中管理成本的弹性过大，对项目总成本的影响也较大。项目成本预算和估算的准确度差（过粗和过细），会造成项目成本增加。预算过粗，会使项目费用的随意性较大，准确度降低；预算过细，会使项目控制的内容过多，弹性差，变化不灵活，管理成本加大。

2）学习曲线

如果采用项目团队成员所没有采用过的方法和技术，那么在初期，项目团队成员在学习过程中所引起的成本应包括学习耗费的时间成本。同样，项目团队实施从来没有做过的项目，也会具有学习曲线，时间成本自然也会大。

3）项目完成的时限

项目工期对成本有影响。

4）质量要求

质量要求越高，质量成本就越高。质量成本又可以分为质量保证成本和质量故障成本。质量保证成本是项目团队依据公司质量体系（如 ISO 9000）运行而引起的成本。质量故障成本是由于项目质量存在缺陷进行检测和弥补而引起的成本。在项目的前期和后期，质量成本都较高。

5）储备

储备包括应急储备和管理储备，这主要是为了防范风险所预留的成本。但这部分成本往往被管理层或客户压缩掉了，这是不对的。其作用就像战争中的预备队，是非常重要的。

某电商项目的成本估算表如表 3 - 2 所示。

2. 成本预算

成本预算指将单个活动或工作包的估算成本汇总，以确立衡量项目绩效情况的总体成本

表 3 - 2　某电商项目的成本估算表

元

项目		1	2	3	4	5	6	7	8	9	10	11	12	合计
销售	含流转税销售收入	156 000	135 200	163 100	163 550	141 500	150 420	153 090	121 020	162 380	156 000	183 450	172 900	1 962 460
	流转税（增值税等）	31 200	27 060	32 620	32 710	28 300	30 084	30 618	24 204	32 476	31 200	36 690	34 580	392 492
	销售净收入	124 800	108 240	130 480	130 840	113 200	120 336	122 472	96 816	129 904	124 800	146 760	138 320	1 569 968
成本	业主工资	3 500	3 500	3 500	3 500	3 500	3 500	3 500	3 500	3 500	3 500	3 500	3 500	42 000
	员工工资	6 000	6 000	6 000	6 000	6 000	6 000	6 000	6 000	6 000	6 000	6 000	6 000	72 000
	租金	2 000	2 000	2 000	2 000	2 000	2 000	2 000	2 000	2 000	2 000	2 000	2 000	24 000
	营销费用	300	300	300	300	300	300	300	300	300	300	300	300	3 600
	公用事业费	1 000	1 000	1 000	1 000	1 000	1 000	1 000	1 000	1 000	1 000	1 000	1 000	12 000
	维修费	1 000	1 000	1 000	1 000	1 000	1 000	1 000	1 000	1 000	1 000	1 000	1 000	12 000
	折旧费	1 780	1 780	1 780	1 780	1 780	1 780	1 780	1 780	1 780	1 780	1 780	1 780	21 360
	贷款利息													
	保险费	2 000	2 000	2 000	2 000	2 000	2 000	2 000	2 000	2 000	2 000	2 000	2 000	24 000
	登记注册费	1 000	1 000	1 000	1 000	1 000	1 000	1 000	1 000	1 000	1 000	1 000	1 000	12 000
	原材料（列出项目）													
	（1）喷绘布	10 000	10 000	11 000	11 500	9 000	8 000	12 000	10 000	12 000	11 000	12 000	11 000	169 000
	（2）写真布	10 500	12 600	14 700	12 600	10 500	14 700	13 230	10 500	11 760	15 750	10 500	12 600	149 940
	（3）布标	13 800	18 400	16 100	16 100	12 420	18 400	12 880	17 250	18 400	16 100	23 000	19 320	202 170
	（4）刻字不干胶	24 000	19 200	24 000	25 600	19 280	19 744	30 320	19 744	23 520	28 000	23 200	28 800	285 408
	（5）发光字	1 920	2 240	2 560	2 560	1 440	1 792	2 496	1 280	1 920	2 240	1 888	1 920	24 256
	（6）LED 显屏	30 000	12 000	24 000	24 000	30 000	24 000	12 000	6 000	24 000	12 000	36 000	24 000	258 000
	总成本	108 800	93 020	110 940	110 940	101 220	105 216	101 506	83 354	110 180	103 670	125 168	116 220	1 311 734
利润		16 000	15 220	19 540	19 900	11 980	15 120	20 966	13 462	19 724	21 130	21 592	22 100	258 234

续表

项目		1	2	3	4	5	6	7	8	9	10	11	12	合计
税	企业所得税													
费	个人所得税													
	其他													
净收入（税后）														

基准。项目范围说明书提供了汇总预算，但单个活动或工作包的成本估算在详细的预算请求和工作授权之前编制。

如果首先得到项目的总体估算，则成本预算是在项目成本估算的基础上更精确地估算项目总成本，并将其分摊到项目的各项具体活动和各个具体项目阶段上，为项目成本控制制定基准计划。成本估算是成本预算的基础与依据，成本预算则是将已批准的项目总的估算成本进行分摊。

项目成本预算的特征如下：

1）计划性

这是指在项目计划中，尽量精确地将费用分配到 WBS 的每一个组成部分，从而形成与 WBS 相同的系统结构。

2）约束性

这是指成本预算分配的结果可能并不能满足所涉及的管理人员的利益要求，而表现为一种约束。

3）控制性

这是指成本预算的实质就是一种控制机制。

3. 编制项目成本预算应遵循的原则

(1) 项目成本预算要以项目需求为基础。

(2) 项目成本预算要与项目目标相联系，必须同时考虑项目质量目标和进度目标。

(3) 项目成本预算要切实可行。

(4) 项目成本预算应当留有弹性。

4. 制定项目成本预算所经过的步骤

如果首先得到项目的总体估算，则制定项目成本预算所必须经过的步骤如下：

(1) 将项目总成本分摊到项目工作分解结构的各个工作包。

分解按照自上向下的顺序进行，根据占用资源数量的多少而设置不同的分解权重。

(2) 将各个工作包成本再分配到该工作包所包含的各项活动上。

(3) 确定各项成本预算支出的时间计划及项目成本预算计划。

主要根据资源投入时间段形成成本预算计划。

项目的成本预算为衡量项目的绩效情况提供了基准。

3.4 项目质量管理

3.4.1 项目质量管理标准

项目的信誉是靠质量树立的，效益是质量带来的，项目质量管理的重点是质量策划、质量保证和质量控制。

质量管理追求顾客的满意度，注意预防而不是检查，并承认管理层对质量的责任。戴明、朱兰、克劳斯比等许多著名的质量专家都对现代质量管理作出了贡献。1987 年，ISO 9000系列国际质量管理标准问世，质量管理与质量保证开始在世界范围内对经济和贸易活动产生影响。20 世纪 90 年代末，全面质量管理成为许多世界级企业的成功经验，被证明是一种使企业获得核心竞争力的管理战略。质量的概念也从狭义的符合规范发展到以顾客满意为目标。下面，对于国际上目前应用普遍的质量管理标准 ISO 9000 系列标准和全面质量管理、六西格玛等质量管理方法进行介绍。

1. ISO 9000 系列标准

1）ISO 9000:2000（等同于国家标准 GB/T 9000—2000）简介

ISO 9000 标准可帮助各种类型和规模的组织实施并运行有效的质量管理体系。该系列质量管理体系能够帮助组织增进顾客满意度。这些标准包括以下几种：

（1）ISO 9000：表述质量管理体系基础知识并规定质量管理体系术语。

（2）ISO 9001：规定质量管理体系要求，用于组织证实其具有提供满足顾客要求和适用法规要求的产品的能力，目的在于增进顾客满意度。

（3）ISO 9004：提供质量管理体系的有效性和效率两方面的指南。该标准的目的是改进组织业绩并让顾客及其他相关方满意。

（4）ISO 19011：提供审核质量和环境管理体系指南。

上述标准共同构成了一组密切相关的质量管理体系标准，在国内和国际贸易中促进相互理解。

顾客要求产品具有满足其需求和期望的特性，这些需求和期望在产品规范中表述，并集中归结为顾客要求。顾客要求可以由顾客以合同的方式规定或由组织自己确定。因为顾客的需求和期望是不断变化的，这就促使组织持续地改进其产品和过程。ISO 9000 质量管理体系鼓励组织分析顾客要求，规定相关的过程，并使其持续受控，以生产顾客能接受的产品。质量管理体系能提供持续改进的框架，以增加使顾客和其他相关方满意的可能性。质量管理体系还针对组织能够提供持续满足要求的产品，向组织及其顾客提供信任。

2）ISO 9000 的八项质量管理原则

ISO 9000 的八项质量管理原则已经成为改进组织业绩的框架，其目的在于帮助组织达到持续成功。八项基本原则如下：

（1）以顾客为中心：组织依存于其顾客。因此组织应理解顾客当前和未来的需求，满足顾客要求并争取超越顾客期望。

（2）领导作用：领导者确立本组织统一的宗旨和方向。他们应该创造并保持使员工能充分参与实现组织目标的内部环境。

（3）全员参与：各级人员是组织之本，只有他们充分参与，才能使他们的才干为组织获益。

（4）过程方法：将相关的活动和资源作为过程进行管理，可以更高效地得到期望的结果。

（5）管理的系统方法：识别、理解和管理作为体系的相互关联的过程，有助于组织实现其目标的效率和有效性。

（6）持续改进：组织总体业绩的持续改进应是组织的一个永恒目标。

（7）基于事实的决策方法：有效决策建立在对数据和信息分析的基础上。

（8）与供方互利的关系：组织与其供方是相互依存的，互利的关系可增强双方创造价值的能力。

ISO 9000 体系为项目的质量管理工作提供了一个基础平台，为实现质量管理的系统化、文件化、法制化、规范化奠定了基础。它提供了一个让组织满足其质量认证标准的最低要求。

2. 全面质量管理

20 世纪 50 年代末, 美国通用电器公司的费根堡姆和质量管理专家朱兰提出了全面质量管理 (Total-Quality Management, TQM) 的概念, 认为"全面质量管理是为了能够在最经济的水平上, 并考虑到充分满足客户要求的条件下进行生产和提供服务, 把企业各部门在研制质量、维持质量和提高质量的活动中集成为一体的一种有效体系"。

20 世纪 60 年代初, 美国一些企业根据行为管理科学的理论, 在企业的质量管理中开展了依靠职工"自我控制"的"零缺陷管理"(Zero Defects), 日本在工业企业中开展了质量管理小组活动, 使全面质量管理活动迅速发展起来。

全面质量管理 (TQM) 是一种全员、全过程、全企业的品质管理。它是一个组织以质量为中心, 以全员参与为基础, 通过让顾客满意和本组织所有成员及社会受益而达到永续经营的目的。全面质量管理注重顾客需要, 强调参与团队工作, 并力争形成一种文化, 以促进所有的员工设法并持续改进组织所提供的产品、服务的质量、工作过程等, 它由结构、技术、人员和变革推动者 4 个要素组成, 只有这 4 个方面全部齐备, 才会有全面质量管理这场变革。

全面质量管理有 4 个核心的特征, 即全员参加的质量管理、全过程的质量管理、全方法的质量管理和全面结果的质量管理。全员参加的质量管理, 即要求全部员工, 无论是高层管理者还是普通办公职员或一线工人, 都要参与质量改进活动。参与"改进工作质量管理的核心机制", 是全面质量管理的主要原则之一。全过程的质量管理要求必须在市场调研、产品的选型、研究试验、设计、原料采购、制造、生产、检验、储运、销售、安装、使用和维修等各个环节中都把好质量关。其中, 产品的设计过程是全面质量管理的起点, 原料采购、生产、检验过程是实现产品质量的重要过程; 而产品的质量最终是在市场销售、售后服务的过程中得到评判与认定的。全方法的质量管理要求采用科学的管理方法、数理统计的方法、现代电子技术、通信技术等方法进行全面质量管理。全面结果的质量管理是指对产品质量、工作质量、工程质量和服务质量等进行全面质量管理。

3. 六西格玛

六西格玛即六西格玛管理法, 简称"六西格玛管理"或"六四格玛", 六西格玛由摩托罗拉公司首先提出。摩托罗拉公司在 20 世纪 80 年代将其作为组织开展全面质量管理过程以实现最佳绩效的一种质量管理理念和方法, 因此, 摩托罗拉公司成为美国"波多里奇国家质量奖"的首家获得者。

六西格码意为"六倍标准差", 在质量上表示每百万坏品率 (Parts Per Million, PPM) 少于 3.4, 广义的六西格玛属于管理领域。六西格玛管理法是在提高顾客满意程度的同时降低经营成本和周期的过程革新方法, 它是通过提高组织核心过程的运行质量, 进而提升企业盈利能力的管理方式, 也是在新经济环境下企业获得竞争力和持续发展能力的经营策略。六西格玛管理法强调对组织的过程满足顾客要求能力进行量化, 并在此基础上确定改进目标和寻求改进机会, 六西格玛专注过程问题, 是因为如果流程控制不力, 将会导致结果同样不可控。与解决问题相比, 对问题的预防更为重要。把更多的资源投入到预防问题上, 就会提高"一次做好"的概率。六西格玛管理法是一项以数据为基础、追求完美的质量管理方法。

六西格玛管理法的核心是将所有的工作作为一种流程[①], 采用量化的方法分析流程中影

---

① 流程就是过程。

响质量的因素，找出最关键的因素加以改进，从而达到更高的客户满意度，即采用 DMAIC（确定、测量、分析、改进、控制）改进方法对组织的关键流程进行改进，而 DMAIC 又由下列四个要素构成：最高管理承诺、有关各方参与、培训方案和测量体系。

其中有关各方包括组织员工、所有者、供应商和顾客。六西格玛管理法是全面质量管理的继承和发展。因此，六西格玛管理法为组织带来了一个新的、垂直的质量管理方法体系。

六西格玛管理法的优越之处在于从项目实施过程中改进和保证质量，而不是从结果中检验控制质量。这样做不仅减少了检验控制质量的步骤，而且避免了由此带来的返工成本。更为重要的是，六西格玛管理法培养了员工的质量意识，并把这种质量意识融入企业文化中。

3.4.2　制订项目质量计划

制订项目质量计划（OP）是项目质量管理的一部分，这一过程致力于制定质量目标并规定必要的运行过程和相关资源以实现项目质量目标。项目质量目标是指项目质量管理方追求的目的。

制订项目质量计划是识别和确定必要的作业过程、配置所需的人力和物力资源，以确保达到预期质量目标所进行的周密考虑和统筹安排的过程。制订项目质量计划是保证项目成功的过程之一。美国著名质量管理专家朱兰博士提出的质量管理三部曲，将质量管理概括为质量策划、质量控制和质量改进三个阶段。不同的项目在进行质量策划时，其目的都是实现特定项目的质量目标，因此制订项目质量计划，具体地说，就是根据项目内外部环境确定项目质量目标以及为保证这些目标的实现所必须经历的工作步骤和所必须配置的相关资源。项目具体目标包括项目的性能性目标、可靠性目标、安全性目标、经济性目标、时间性目标和环境适应性目标等。

3.4.3　项目质量保证

项目质量保证（QA）的提供对象通常是项目管理班子和执行组织的管理层，而项目质量保证活动的参与者应是项目的全体工作人员。如果项目中的每一位员工都具有质量意识和改进的愿望，那么就能保证每　过程的质量合格，整个质量目标才能够在进行中得以实现。项目质量保证活动包括如何建立质量标准、如何确立质量控制流程、如何进行质量体系的评估。项目质量保证活动是质量管理的一个更高层次，是对质量策划、质量控制过程的质量控制。

1. 产品的质量保证

为了保证产品的质量，要做好下列工作：

1）清晰的规格说明

对于项目而言，一般既要清楚项目的最终产品，又要清楚项目的中间产品。这些中间产品包括工作包中的里程碑、项目较低层次的活动中产生的可交付中间产品（可交付物）。

2）使用完善的标准

这是一个标准设计和工作包，是从以前被证明能够达到需要的规格结果的经验中得出的。

3）历史经验

一般来说，历史经验越多，所制定的标准和规格越好。对于研发的一般项目、高技术项目，刚开始不可能创建一个清晰的规格说明。

4）合格的资源

如果项目组成员凭借自己的经验或通过培训，熟悉产品情况，那么他们就能更好地应用这些标准，实现特定的规格。合格的资源还包括原材料和财务资源等。

5）公正的设计复审

启用设计审查可以检查设计，保证在设计阶段就满足客户的需求。

6）变化控制

要实现规定的质量规格，变化是不可避免的，并不是所有的变化都应该消除，因为有些变化是为了满足用户需求而作出的。但是对每个变化的目的都要仔细地确定，对设计的影响都要认真地评价，并做好成本、效益分析。

2. 服务的质量保证

服务是一种无形的产品。服务质量是指企业在售前、售中、售后服务过程中满足用户要求的程序。其质量保证一般包括以下内容：

（1）服务时间，是指为用户服务主动、及时、准时、适时、周到的程度。

（2）服务能力，是指为用户服务时准确判断、迅速排除故障、指导用户合理使用产品的程度。

（3）服务态度，是指服务过程中热情、诚恳、有礼貌、守信用、建立良好服务信誉的程度。

3.5 项目风险管理

在项目管理中，任何活动都不可避免地存在不确定性，因而也就存在着各种各样的风险，所以，项目管理的理论研究和社会实践者们甚至认为，项目管理其实就是风险管理，项目经理的目标和任务就是与各种各样的风险做斗争。

3.5.1 风险的内涵

风险一词包括了两方面的内涵：一是风险意味着出现了损失，或者是未实现预期的目标；二是指这种损失的出现与否是一种不确定性的随机现象，可以用概率表示出现的可能程度，但不能对出现与否作出确定性判断。

1. 风险的特征

（1）风险是损失或损害。

（2）风险是一种不确定性。

（3）风险是针对未来的。

（4）风险是客观存在的、不以人的意志为转移的，风险的度量不涉及决策人的主观效用和时间偏好。

（5）风险是相对的。尽管风险是客观存在的，但它却依赖于决策目标，针对同一方案，不同的决策目标会带来不同的风险。

（6）风险是预期和后果之间的差异，是实际后果偏离预期结果的可能性。

2. 风险的影响

项目风险是一种不确定事件或状况，一旦发生，会对至少一个项目目标（例如时间、费用、范围或质量目标）产生积极或消极影响。风险的起因可能是一种或多种原因，风险一旦发生，会产生一项或多项影响。例如，原因之一可能是项目需要申请环境许可证，或者是分配给项目的设计人员有限；而风险事件则是许可证颁发机构颁发许可证需要的时间比原计划长，或者所分配的设计人员不足以完成任务。这两个不确定事件无论发生哪一个，都会对项目的成本、进度或者绩效产生影响。风险状况则可包括项目环境或组织环境中可能促成项目风险的各个方面，例如，项目管理方式欠佳、缺乏整合的管理系统、并行开展多个项目或者过分依赖无法控制的外单位参与者，等等。

3.5.2 风险管理的含义

1. 风险管理的含义

风险普遍存在，对企业或项目影响很大，加强风险管理格外重要，但在大多数人的眼中，风险是一种偶然性，在风险事件发生以前难以预测，而且风险管理还是一种消极性努力，由此人们管理风险时往往持消极的态度。因此，风险管理首先要解决态度问题，使人们充分认识到风险管理的重要作用。

风险管理起源于第一次世界大战中战败的德国，德国较早建立了风险管理的系统理论，从 20 世纪 50 年代起，一些公司发生的重大损失使高层决策者认识到了风险管理的重要性。至 20 世纪 60 年代初，美国的风险管理研究逐步趋向系统化、专业化，发展成为管理领域中一门独立的学科专业。

所谓风险管理，就是要在风险成为影响项目成功的威胁之前，识别、着手处理并消除风险的源头。项目风险管理就是项目管理班子通过风险识别、风险估计和风险评价，并以此为基础合理地使用多种管理方法、技术和手段，对项目活动涉及的风险实行有效的控制，采取主动行动，创造条件，尽量扩大风险事件的有利结果，妥善地处理风险事故造成的不利后果，以最少的成本保证安全、可靠地实现项目的总目标。简单地说，项目风险管理就是指对项目风险从识别到分析、评价乃至采取应对措施等一系列过程，它包括将积极因素所产生的影响最大化和使消极因素产生的影响最小化两方面的内容。

2. 风险管理的作用

随着科学技术和社会生产力的迅猛发展，项目的规模化以及技术和组织管理的复杂化突出了项目管理的复杂性和艰巨性。作为项目管理的重要一环，项目风险管理对保证项目实施的成功具有重要的作用和意义。

（1）项目风险管理能促进项目实施决策的科学化、合理化，降低决策的风险水平。

（2）项目风险管理能为项目组织提供安全的经营环境。

（3）项目风险管理能够保障项目组织经营目标的顺利实现。

（4）项目风险管理能促进项目组织经营效益的提高。

（5）项目风险管理有利于资源分配达到最佳组合，有利于提高全社会的资金使用效益。

（6）项目风险管理有利于社会的稳定发展。

项目的风险来源、风险的形成过程、风险潜在的破坏机制、风险的影响范围及风险的破坏力错综复杂，单一的管理技术或单一的工程、技术、财务、组织、教育和程序措施都有局限性，都不能完全奏效。必须综合运用多种方法、手段和措施，才能以最少的成本将各种不利后果减小到最低程度。因此，项目风险管理是一种综合性的管理活动，其理论和实践涉及自然科学、社会科学、工程技术、系统科学和管理科学等多种学科。项目风险管理在风险估计和风险评价中使用概率论、数理统计乃至随机过程的理论和方法。

3.5.3 制订风险管理计划

1. 制订风险管理计划的意义

风险在人类的大多数活动中都存在，并随时间的变化而变化，但风险是可以通过人类的活动来改变其形式和程度的，因而风险是可以管理的。制订风险管理计划就是为了实现对风险的管理而制订一份结构完备、内容全面且互相协调的风险管理策略文件，以尽可能消除风险或尽量降低风险危害。风险管理计划对于能否成功地进行项目风险管理、完成项目目标至关重要。

2. 风险管理计划的基本内容

1）方法论

确定实施项目风险管理可使用的方法、工具及数据来源。

2）角色与职责

确定风险管理计划中每项活动的领导、支援者与风险管理团队的成员组成。为这些角色分配人员并澄清其职责。

3）预算

分配资源，并估算风险管理所需费用，将之纳入项目成本基线。

4）计时法

确定在项目整个生命周期中实施风险管理过程的次数和频率，并确定应纳入项目进度计划的风险管理活动。

5）风险分类

风险分类为确保系统地、持续一致地、有效地进行风险识别提供了基础，为风险管理工作提供了一个框架。组织可使用先前准备的典型风险分类。风险分解结构（Resources Breakdown Structure，RBS）是提供该框架的用法之一，如图 3 - 6 所示。不过该结构也可通过简单列明项目的各个方面表述出来。在风险识别过程中需对风险类别进行重新审核，较好的做法是在风险识别过程之前，先在制订风险管理计划的过程中对风险类别进行审查。在将先前项目的风险类别应用到现行项目之前，可能需要对原有风险类别进行调整或扩展来适应当前的情况。

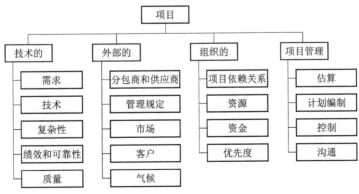

图 3 - 6　风险分解结构示例

图 3-6 中的风险分解结构列出了一个典型项目中可能发生的风险分类和风险子分类。不同的 RBS 适用于不同类型的项目和组织，这种方法的一个好处是提醒风险识别人员风险产生的原因是多种多样的。

6）界定风险概率和影响

为确保风险定性分析过程的质量和可信度，要求界定不同层次的风险概率和影响。在风险计划制订过程中，通用的风险概率水平和影响水平的界定将依据个别项目的具体情况进行调整，以便在风险定性分析过程中应用。

可使用概率相对比例，例如，从"十分不可能"到"几乎确定"，或者也可分配某数值表示常规比例，例如 0.1、0.3、0.5、0.7、0.9。测定风险概率的另外一种方法是，描述与风险相关的项目状态，例如项目设计成熟度水平等。

7）概率和影响矩阵

根据风险可能对实现项目目标产生的潜在影响，进行风险优先排序。风险优先排序的典型方法是借用对照表或概率和影响矩阵形式。通常由组织界定哪些风险概率和影响组合是具有较高、中等或较低的重要性的，据此可确定相应的风险应对计划。在制订风险管理计划的过程中可以进行审查并根据具体项目进行调整。

8）修改利害关系者的承受水平

可在制订风险管理计划的过程中对利害关系者（项目干系人）的承受水平进行修订，以适用于具体项目。

9）汇报格式

阐述风险登记单的内容和格式，以及所需的任何其他风险报告。界定如何对风险管理过程的成果进行记录、分析和沟通。

10）跟踪

说明如何记录风险活动的各个方面，以便供当前项目使用，或满足未来需求或满足总结经验教训的需要。说明是否对风险管理过程进行审计以及如何审计。

第4章

项目控制

项目控制是指在项目按事先制订的计划朝着最终目标挺进的过程中，由于前期工作的不确定性和实施过程中多种因素的干扰，项目的实施进展必然会偏离预期轨道，为此，项目管理者根据项目跟踪提供的信息，对比原计划（或既定目标）、找出偏差、分析原因、研究纠偏对策、实施纠偏措施的全过程。所以项目控制过程是一种特定的、有选择的、能动的动态作用过程。

4.1　项目进度控制

4.1.1　项目进度控制的内容

项目进度控制是监控项目的状态，以便采取相应措施以及管理进度变更的过程。

1. 项目进度控制包括的内容

（1）确定项目进度的当前状态。

（2）对引起进度变更的因素施加影响，以保证这种变化朝着有利的方向发展。

（3）确定项目进度已经变更。

（4）当变更发生时管理实际的变更。

项目进度控制是整体变更控制过程的一个组成部分。

2. 缩短活动工期的方法

项目进度控制是依据项目进度基准计划对项目的实际进度进行监控，使项目能够按时完成。有效的项目进度控制的关键是监控项目的实际进度，及时、定期地将它与计划进度进行比较，并立即采取必要的纠正措施。项目进度控制必须与其他变化控制过程紧密结合，并且贯穿于项目的始终。当项目的实际进度滞后于计划进度时，管理者首先要发现问题、分析问题，然后找出妥善的解决办法。通常可用以下一些方法缩短活动工期：

（1）投入更多的资源以加速活动进程。

（2）指派经验更丰富的人去完成或帮助完成项目工作。

（3）减小活动范围或降低活动要求。

（4）通过改进方法或技术提高生产效率。

对进度的控制，还应当重点关注项目进展报告和执行状况报告，它们反映了项目当前在进度、费用、质量等方面的执行情况和实施情况，是进行进度控制的重要依据。

另外，定期举行项目会议（如每天早上的 10 分钟会议、下午的 10 分钟会议或周例会），也是进度控制的好办法。

4.1.2　项目进度控制的主要技术和工具

1. 进度报告

进度报告及当前进度状态包括如下一些信息：

如实际开始与完成的日期，以及未完计划的剩余持续时间；如果还使用了实现价值这样的绩效测量，则也可能含有正在进行的计划活动的完成百分比。

为了便于定期报告项目的进度，参与项目的各个单位可以在项目生命周期内自始至终使用统一的模板。模板可以用纸，也可用计算机文件。

2. 绩效衡量

绩效衡量技术的结果是进度偏差（SV）与进度效果指数（SPI）。进度偏差与进度效果指数用于估计实际发生任何项目进度偏差的大小。进度控制的一个重要作用是判断已发生的进度偏差是否需要采取纠正措施。例如，非关键路径计划活动的重大延误对项目总体进度可能影响甚微，而关键路径或接近关键路径上的一个短得多的延误，因为其对项目总体进度影响很大，却有可能要求立即采取行动纠正偏差。

3. 偏差分析

在进度控制过程中，进行偏差分析是进度控制的一个关键职能。将目标进度日期同实际或预测的开始与完成日期进行比较，可以获得发现偏差以及在出现延误时采取纠正措施所需的信息。在评价项目进度绩效时，总时差也是分析项目实施效果的一个必不可少的组成部分。

4. 比较横道图

为了节省分析进度的时间，使用比较横道图很方便，图中每一个计划活动都画两条横道；一条表示当前实际状态；另一条表示经过批准的项目进度基准状态。此法直观地显示出哪些活动符合计划，哪些活动已经延误。

4.2　项目成本控制

4.2.1　项目成本控制的内容

（1）对造成成本基准变更的因素施加影响。

（2）确保变更请求获得同意。

（3）当变更发生时，管理这些实际的变更。

（4）保证潜在的成本超支不超过授权的项目阶段资金和总体资金。

（5）监督成本执行（绩效），找出与成本基准的偏差。

（6）准确记录所有的与成本基准的偏差。

（7）防止错误的、不恰当的或未批准的变更被纳入成本或资源使用报告中。

（8）针对审定的变更，通知项目干系人。

（9）采取措施，将预期的成本超支控制在可接受的范围内。

为项目成本控制查找引起正、负偏差的原因，这是整体变更控制的一部分。若对成本偏差采取不适当的应对措施，就可能造成质量或进度问题，或在项目后期产生无法接受的巨大风险。

4.2.2　成本控制的工具与技术

成本控制的工具与技术有如下几项：

1. 绩效衡量分析——挣值技术

绩效衡量分析技术有助于评估必将出现的偏差及其大小。挣值技术是将已完成工作的预算成本（挣值），按原先分配的预算值进行累加获得的累加值与计划工作的预算成本（计划值）和已完成工作的实际成本（实际值）进行比较。这个技术对成本控制、资源管理和生产特别有用。

成本控制的一个重要部分，是确定偏差产生的原因、偏差的量级和决定是否需要采取行动纠正偏差。挣值技术利用项目管理计划中的成本基准来评估项目绩效和发生的任何偏差的量级。

挣值技术需要为每项计划活动、工作包或控制账目确定以下重要数值：

（1）计划值（Planned Value，PV）。PV 是到既定的时间点前计划完成活动或 WBS 组件工作的预算成本。

（2）挣值（Eamed Value，EV）。EV 是在既定的时间段内实际完工工作的预算成本。

（3）实际成本（Actual cost，AC）。AC 是在既定的时间段内实际完成工作发生的实际总成本。

AC 在定义和内容范围方面必须与 PV 和 EV 相对应（如仅包括直接时间，仅包括直接成本，或包括间接成本在内的全部成本）。

（4）完成尚需估算（Estimate To Completion，ETC）和完成时估算。有关此点，将在以下介绍的预测技术中描述。

综合使用 PV、EV、AC 值能够衡量在某一给定时间点是否按原计划完成了工作。最常用的测量指标是成本偏差（CV）和进度偏差（SV）。由于已完成工作量的增加，CV 和 SV 的偏差值会随着项目接近完工而趋向减少。可在成本管理计划中预先设定随项目朝完工方向不断减少的可接受偏差值。

（5）成本偏差（Cost Variance，CV）。CV 等于 EV 减 AC。计算公式为：

$$CV = EV - AC$$

（6）进度偏差（Schedule Variance，SV）。SV 等于 EV 减 PV。计算公式为：

$$SV = EV - PV$$

CV 和 SV 能够转化为反映任何项目成本和进度执行（绩效）的效率指标。

（7）成本执行（绩效）指数（Cost Performance Index，CPI）。CPI 等于 EV 和 AC 的比值。CPI 是最常用的成本执行指数。计算公式为：

$$CPI = EV/AC$$

CPI 值若小于 1，则表示实际成本超出预算；CPI 值若大于 1，则表示实际成本低于预算。

（8）累加 CPI（$CPIc$）。广泛用来预测项目完工成本。CPI_c 等于阶段挣值的总和（EV_c）除单项实际成本的总和（AC_c）。计算公式为：

$$CPI_c = EV_c/AC_c$$

（9）进度执行（绩效）指数（Schedule Performance Index，SPI）。除进度状态外，SPI还预测完工日期。有时和CPI结合起来用来预测项目完工绩效。SPI等于EV和PV的比值。计算公式为：

$$SPI = EV/PV$$

SPI值若小于1，则表示实际进度落后于计划进度；SPI值若大于1，则表示实际进度提前于计划进度。

图4-1使用S曲线来反映一个预算超支和进度滞后的项目的累加EV。表4-1给出了某电商开发项目到2008年9月3日为止的状态数据。

到2008年9月3日为止，某电商开发项目的状态数据为：

AC = 44 150元，PV = 40 800元，EV = 36 610元，则

成本偏差：$CV = EV - AC = -7\,540$（元）

进度偏差：$SV = EV - PV = -4\,190$（元）

成本执行（绩效）指数：$CPI = EV/AC = 0.83$

进度执行（绩效）指数：$SPI = EV/PV = 0.90$

挣值技术表现形式各异，是一种通用的绩效测量方法。它将项目范围、成本（或资源）、进度整合在一起，帮助项目管理团队评估项目绩效。

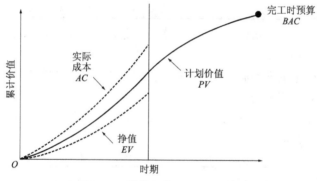

图4-1 绩效报告（图形形式）

表4-1 某电商开发项目到2008年9月3日为止的状态数据［成本执行（绩效）报告］

活动编号	活动	完成百分比/%	BCWS① (PV) /元	AC/元	EV/元
1	召开项目启动会议	100	1 000.00	1 000.00	1 000.00
2	收集数据	100	900.00	1 000.00	900.00
3	可行性研究	100	4 000.00	4 200.00	4 000.00
4	撰写问题界定报告	100	750.00	750.00	750.00
5	制订项目计划	100	2 100.00	2 100.00	2 100.00
6	客户需求调研	100	6 000.00	6 500.00	6 000.00
7	客户需求分析	100	4 500.00	5 500.00	4 500.00
8	研究现有系统	100	5 200.00	5700.00	5 200.00

① BCWS，计划工作预算费用或计划工程投资额。

续表

活动编号	活动	完成百分比/%	BCWS（PV）/元	AC/元	EV/元
9	撰写需求分析报告	100	650.00	650.00	650.00
10	设计界面	80	5 200.00	5250.00	4 160.00
11	总体设计	70	10 500.00	11 500.00	7350.00
合计			40 800.00	44 150.00	36 610.00
项目总预算（BAC）：187 500.00					
报告日期：2008 年 9 月 3 日					

2. 预测技术

预测技术指在当时的时间点根据已知的信息和知识，对项目将来的状况作出估算和预测。预测技术根据项目执行过程中获得的工作绩效信息产生预测、更新预测、重新发布预测。工作绩效信息是关于项目的过去绩效和在将来能影响项目的信息，如完工时估算。

根据挣值技术涉及的参数，包括 BAC、截至目前的实际成本（AC）和累加 CPI 效率指数，计算 ETC 和 EA。BAC 等于计划活动、工作包和控制账目或其他 WBS 组件在完成时的总 PV。计算公式为：

$$BAC = 完工时的 PV 总和$$

预测技术帮助评估完成计划活动的工作量或工作费用，即 EAC。预测技术可帮助决定 ETC，它是完成一个计划活动、工作包或控制账目中的剩余工作所需的估算。虽然用以确定 EAC 和 ETC 的挣值技术可实现自动化并且计算起来非常神速，但仍不如由项目团队手动预测剩余工作的完成成本那样有价值或精确。

ETC 等于由项目实施组织确定的修改后的剩余工作估算。该估算是一个独立的、没有经过计算的，对于所有剩余工作的完成尚需估算；该估算考虑了截至目前的资源绩效和生产率，它是比较精确的综合估算。

另外，也可通过挣值数据来计算 ETC，两个典型公式如下：

1）基于非典型的偏差计算 ETC

如果当前的偏差被看作是非典型的，并且当项目团队预期在以后将不会发生这种类似的偏差时，这种方法被经常使用。ETC 等于 BAC 减去截至目前的累加挣值（EV）。

计算公式为：

$$ETC - (BAC - EV)$$

2）基于典型的偏差计算 ETC

如果当前的偏差被看作是可代表未来偏差的典型偏差，这种方法被经常使用。ETC 等于 BAC 减去累加 EV 后除以累加成本执行（绩效）指数（CPI）。

计算公式为：

$$ETC = (BAC - EV) / CPI$$

根据表 4-1 的成本执行（绩效）数据，有 $BAC = 187\,500$ 元，$EV = 36\,610$ 元，$CPI = 0.83$

则

$$ETC = (187\,500 - 36\,610) / 0.83 = 181\,795.18（元）$$

EAC 是根据项目绩效和定性风险分析确定的最可能的总体估算值。EAC 是在既定项目工作完成时，计划活动、WBS 组件或项目的预期或预见最终总估算。基于项目实施组织提供的完工估算进行 *EAC* 预测的一种技术是，使用新估算来计算 *EAC*。

EAC 等于截至目前的实际成本（*AC*）加上由实施组织提供的新 *ETC*。如果过去的执行情况显示原先的估算假设有根本性的缺陷，或由于条件发生变化，假设条件不再成立时，这种方法被经常使用。计算公式为：

$$EAC - AC + ETC$$

两个常用的使用挣值计算 *EAC* 的预测技术是下述两种技术或其某种变形。

3）使用剩余预算计算 *EAC*

EAC 等于 *AC* 加上完成剩余工作所需的预算，而完成剩余工作所需的预算等于完成时预算减去挣值。如果当前的偏差被看作是非典型的，并且当项目团队预期在以后将不会发生这种类似的偏差时，这种方法被经常使用。计算公式为：

$$EAC - AC + BAC - EV$$

根据表 4-1 的成本执行（绩效）数据，有 *BAC* = 187 500 元，*EV* = 36 610 元，*AC* = 44 150 元，则

$$ETC = AC + BAC - EV = 195\ 040\ （元）$$

4）使用 *CPI* 计算 *EAC*

EAC 等于截至目前的实际成本（*AC*）加上完成剩余项目工作所需的预算。完成剩余项目工作所需的预算等于 *BAC* 减去 *EV* 后，再用绩效系数修正（一般是 *CPI*）。这种方法在当前的偏差被看作是可代表未来偏差的典型偏差时常被采用。计算公式为：

$$EAC = AC + [(BAC - EV)\ /CPI]$$

根据表 4-1 的成本执行（绩效）数据，有 *BAC* = 187 500 元，*EV* = 36 610 元，*CPI* = 0.83，*AC* = 44 150 元

则

$$EAC = 44\ 150 + [(187\ 500 - 36\ 610)\ /0.83] = 225\ 945.18\ （元）$$

对一个给定的项目，这些方法都是正确的方法，如预测 *EAC* 不在可按受的范围内，则可为项目团队提供预警信号。

另外，还有一个预测指标，称为完工绩效指数（To Complete Performance Index，*TCPI*），它表示剩余预算每单位成本所对应的工作价值，计算公式为：

$$TCPI = (BAC - EV)/(BAC - AC)$$

根据表 4-1 的成本执行（绩效）数据，有 *BAC* = 187 500 元，*EV* = 36 610 元，*AC* = 44 150 元，则

$$TCPI = (BAC - EV)/(BAC - AC) = 1.05$$

3. 项目绩效审核

绩效审查指比较一定时间段的成本执行（绩效）、计划活动或工作包超支和低于预算（计划值）的情况、应完成里程碑、已完成里程碑等。

绩效审查一般和下列一种或多种绩效汇报技术结合使用。

1）偏差分析

偏差分析是指将项目实际绩效与计划或期望绩效进行比较。成本和进度偏差是最常见的分析领域，但项目范围、资源、质量和风险的实际绩效与计划的偏差也具有相同或更大的重

要性。

2）趋势分析

趋势分析是指检查一定阶段的项目绩效，以确定绩效是否改进或恶化。

3）挣值分析

挣值技术将计划绩效和实际绩效进行比较。

4.3　项目质量控制

1. 项目质量控制的含义

项目质量控制（QC）就是项目团队的管理人员采取有效措施，监督项目的具体实施结果，判断它们是否符合项目有关的质量标准，并确定消除产生不良结果原因的途径。也就是说，进行项目质量控制是确保项目质量计划和目标得以圆满实现的过程。

2. 项目质量控制的内容

项目质量控制的内容一般包括：保证由内部或外部机构进行检测管理的一致性，发现与质量标准的差异，消除产品或服务不能被满足的原因，审查质量标准，以决定可以达到的目标及成本、效率问题，并且需要确定是否可以修订项目的质量标准或项目的具体目标。

项目具体的结果既包括项目的最终产品（可交付成果等）或服务，也包括项目过程的结果。项目最终产品的质量一般由质量控制职能部门负责，而项目过程结果的质量却需要由项目管理组织的成员进行控制。质量控制过程还可能包括详细的活动和资源计划。

3. 项目质量控制过程的基本步骤

项目质量控制过程一般要经历以下基本步骤：

（1）选择控制对象。项目进展的不同时期、不同阶段，质量控制的对象和重点也不相同，需要在项目实施过程中加以识别和选择。质量控制的对象，可以是某个因素、某个环节、某项工作或工序，以及项目的某个里程碑或某项阶段成果等一切与项目质量有关的要素。

（2）为控制对象确定标准或目标。

（3）制订实施计划，确定保证措施。

（4）按计划执行。

（5）对项目实施情况进行跟踪监测、检查，并将监测的结果与计划或标准相比较。

（6）发现并分析偏差。

（7）根据偏差采取相应的对策。

如果监测的实际情况与标准或计划相比有明显差异，则应采取相应的对策。

第 5 章

项目人力资源与沟通管理

项目中的所有活动，归根结底都是由人来完成的。在项目的所有干系人中，项目团队对项目的成功至关重要。如何选对人、如何培养人、如何充分发挥每个人的作用，又如何把人组织成高绩效的团队，对于项目的成败起着至关重要的作用。

在电子商务行业，市场多变，管理复杂。项目团队成员的特征是高学历、高素质、流动性强、年轻、个性独立，而工作强度大又是电商行业的显著特征。在这样的行业环境下，如何激发团队成员的事业心、如何把这样的个体组成一个战斗力超强的团队，是摆在每一个项目经理面前的课题，这就需要有一套科学的办法来管理项目团队。项目人力资源与沟通管理就是用来解决这些问题的。

5.1 项目人力资源管理

5.1.1 项目人力资源管理的内容

项目人力资源管理包括制订人力资源管理计划、项目团队组建、团队建设与管理的各个过程，不但要求充分发挥参与项目的每个人的作用（即要充分发挥所有与项目有关的人员——项目负责人、客户、为项目作出贡献的个人及其他人员的作用），也要求充分发挥项目团队的作用。

项目团队包括为完成项目而承担了相应的角色和责任的人员。随着项目的推进，项目所需人员的数量和类型也在不断地变化。团队成员应该参与大多数项目计划和决策工作，这样做是有益的，项目团队成员的早期参与有助于在项目计划过程中吸纳项目团队成员的专家意见，同时能强化他们对项目的承诺，也加强了项目团队之间的沟通。

项目团队成员是项目的人力资源。项目管理团队是项目团队的一个子集，负责诸如编制计划、实施、控制和收尾等项目的管理活动。这一子集也可以称为项目管理小组、核心小组、执行小组或领导小组。

对小项目，项目管理的责任可以由整个项目团队来承担或单独由项目经理承担。项目发起人通常协助项目管理团队的工作，如帮助解决项目资金问题、澄清项目范围问题，并为了项目的顺利开展而对他人施加影响。

1. 项目人力资源管理的过程

项目人力资源管理包括如下过程：

（1）项目人力资源计划编制：确定与识别项目中的角色、分配项目职责和汇报关系，并记录下来形成书面文件，其中也包括项目人员配备管理计划。

（2）项目团队组建：通过调配、招聘等方式得到需要的项目人力资源。

（3）项目团队建设：培养提高团队个人的技能，改进团队协作，提高团队的整体水平以提升项目绩效。

（4）项目团队管理：跟踪项目团队成员个人的绩效和团队的绩效，提供反馈，解决问题并协调变更以提高项目绩效。

这些过程之间互相有影响，并且同项目管理其他知识领域中的过程相互影响。根据项目的需要，每个过程可能都涉及一个或更多的个人或团队的努力。一般而言，在项目生命周期的不同阶段，每个过程至少发生一次。虽然这里列出的过程如同界限分明的一个个独立过程，但实际上它们可能以某些不能详述的方式相互重叠或相互影响。

人力资源的一些通用的管理工作，例如劳动合同、福利管理以及佣金等行政管理工作，除项目型组织结构外，项目管理团队很少直接管理这些工作。这些工作一般由组织的人力资源部去统一管理。尽管如此，项目管理团队必须充分意识到行政管理的必要性，以确保遵守这些约定。项目经理或项目管理团队也必须使用一般管理技能和一些管理技巧去有效地对团队成员进行管理。

2. 在实际管理项目的过程中，处理人际关系的技能

（1）领导、沟通、谈判、协商及其他管理技能。

（2）授权、激励士气、指导、劝告及其他与处理个人关系有关的技能。

（3）团队建设、冲突解决及其他与处理团队关系有关的技能。

（4）绩效评定、招聘、留用、劳工关系、健康与安全规定，及其他与管理人力资源有关的技能。

这里绝大多数的技能直接适用于项目经理领导和管理项目成员，因此，项目经理或项目管理团队应当掌握这些技能。他们还必须敏锐地认识到如何将这些知识在项目中加以运用。例如：

①项目的暂时性特征意味着个人之间和组织之间的关系，总体而言，这种关系是既短又新的。

项目管理团队必须仔细选择适应这种短暂关系的管理技巧。

②在项目生命周期中，与项目相关的人员的数量、类型和特点会随着项目从一个阶段进入下一个阶段而有所变化，导致在一个阶段中非常有效的管理技巧到了下一个阶段不一定会有效，项目经理或者项目管理团队应该注意到这一点，以选择适应当前阶段的管理技巧。

③在管理项目的过程中，因为电子商务项目经常变更，整个项目计划会因为时间、范围、成本等各种变更而变更，这些变更也会引起人力资源的变更。当项目中的成员发生变化时，项目经理或者项目管理团队也应对当前的管理方法做相应的调整。

3. 项目人力资源管理可能新增的工作

项目人力资源管理过程不是独立存在的，需要与项目其他过程交互，这些交互有时需要对计划进行调整，从而包括新增的工作，这些新增的工作有以下几种：

（1）在最初的项目团队成员制定工作分解结构之后，可能需要增加新的团队成员。

（2）随着团队成员的增加，其技能水平会增加风险或降低风险，对此要改变风险应对

措施。

（3）如果在全部项目团队成员确定之前制订了进度计划，则新增项目团队成员的技能水平可能导致进度计划的重新制订。

5.1.2　项目人力资源管理有关概念

项目人力资源管理就是有效地发挥每一个参与项目的人员的作用，把合适的人组成一个战斗力超强的团队的过程。为了调动团队成员的积极性，就需运用激励理论，促使团队成员产生积极工作的动机。同时在形成团队的过程中，也需要项目经理发挥领导者的作用，以形成一支高绩效的团队。在这个过程中，涉及的一些概念简要介绍如下：

（1）动机：促使人从事某种活动的念头，是促使人做某种活动的一种心理驱动。

（2）组织结构图：组织结构图以图形表示项目汇报关系。最常用的有层次结构图、矩阵图、文本格式的角色描述三种。

（3）责任：把该做的工作做好就是一个员工的责任。

（4）任务分配矩阵或称责任分配矩阵（Responsibility Allocation Matrix，RAM）：用来表示需要完成的工作由哪个团队成员负责的矩阵，或需要完成的工作与哪个团队成员有关的矩阵。

（5）专门技术：项目经理所具有的其他人觉得很重要的一些专业技术知识。

（6）员工绩效：是指公司的雇员工作的成绩和效果。

5.2　项目人力资源计划编制

5.2.1　项目人力资源计划的作用

项目人力资源计划确定项目的角色、职责以及汇报关系。任务、职责和汇报关系可以分配到个人或团队。这些个人和团队可能属于组织内部，也可能属于组织外部，或者两者的结合。内部团队通常与专职部门如工程部、市场部或会计部等有联系。

在大多数项目中，项目人力资源计划编制过程主要作为项目最初阶段的一部分。但是，这一过程的结果应当在项目生命周期中经常性地复查，以保证它的持续适用性。

如果最初的项目人力资源计划不再有效，就应当立即修正。

项目人力资源计划编制过程总是与沟通计划编制过程紧密联系，因为项目的组织结构会对项目的沟通需求产生重要影响。

在编制项目人力资源计划时，要注意到人力资源与项目成本、进度、质量及其他因素相互影响，同时也应注意到其他项目对同类人员的争夺，所以项目要有备选人员。

5.2.2　项目人力资源计划的内容

项目人力资源计划是项目整体管理计划的一个分计划，为项目应该使用什么样的人员、如何配备、如何管理、如何控制、最终又如何释放①人力资源提供了指南。项目人力资源计

---

① 释放指遣散已完成任务的项目成员。

划应该包括但不限于如下内容：

1. 角色和职责的分配

项目的角色（谁）和职责（做什么）必须落实到合适的项目相关人员。角色和职责可能会随时间而改变。大多数角色和职责将分配给积极参与项目工作的有关人员，例如项目经理、项目管理团队的其他成员以及为项目作出贡献的个人。当你要找出那些为完成项目所需要的角色和职责时，必须考虑到以下几点：

1）角色

这是指某人负责的项目某部分工作的标识，例如项目经理、产品经理、美工摄影师、仓储员等。角色的明确性（如职权、职责和边界）对于项目成功至关重要。

2）职权

这里的职权是指使用项目资金、作出决策和批准的权力。需要明确的职权来做决策的例子包括：实施方法的选择、是否接受质量水平以及如何对项目进行中的偏差作出反应。当团队成员的权力和他们的职责相匹配的时候，他们能做得最好。

3）职责

这是指为了完成项目，要求项目团队成员执行的工作。

4）能力

这是指为了完成项目活动所需要的技能。如果项目团队成员不具备完成项目活动所必需的能力，那么绩效将受影响。当发现岗位职责与能力之间存在某种程度的不匹配时，就必须采取应对措施，如培训、招聘新人员或变更项目范围。

2. 项目的组织结构图

组织结构图以图形表示项目汇报关系。它可以是正式的或者非正式的、详尽的或者粗略的，这要根据项目的实际情况而定。

3. 人员配备管理计划

人员配备管理计划是项目管理计划的一个分计划，描述的是何时满足以及怎样满足人力资源需求。根据项目的需要，它可以是正式的或者非正式的，既可以是非常详细的，也可以是比较概略的。为了指导正在进行的团队成员招聘和团队建设活动，人员配备管理计划随着项目的持续进行而经常更新。人员配备管理计划中的信息随着项目应用领域和规模的不同而不同，但是应该包括如下基本内容：

1）组建项目团队

在计划招聘所需的项目成员时，项目管理团队必须回答很多问题。如所需的人员来自组织内部还是外部，是否有足够多的人员拥有所需的能力或者是仍需培训，项目成员需要在固定地点工作还是远程分散办公，项目所需不同层次的专业技能成本如何，组织的人力资源管理部门能够提供给项目管理团队什么样的支持，等等。

2）时间表

人员配备管理计划说明了项目团队成员（个人的或者集体）的时间安排，以及相关的招募活动何时开始。说明人力资源时间表的一种工具是人力资源柱状图，如图 5 - 1 所示，图 5 - 1 是一个电商项目的美工设计师人力资源柱状图的例子。

在项目进行的过程中，这种柱状图表示出一个人、部门或者团队在每周或者每月需要工作的小时数。人力资源柱状图的竖轴表示某个资源①的每周工作的小时数，横轴表示该资源的日历，图中可以加入一条水平线，代表某种资源的使用上限（可以用小时数表示）。

超出可支配时间的竖条表明需要对该资源进行平衡，如增加更多的资源或者将进度拉长。

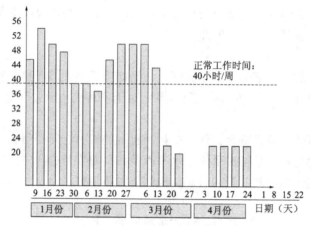

图5-1　人力资源柱状图

3）人力资源释放安排

事先确定项目团队成员遣散的时间和方法，对项目和组员都是有好处的。当已经完成任务的人员在适当的时候离开项目时，人们就不用再继续为其付人工费，从而可以降低项目的成本。提前将这些人员平稳地转移到新项目上，也可以提高士气。

4）培训需求

如果计划分配到项目中的人员不具备必需的技能，就必须制订出一个培训计划。这个计划也可以包含如何协助团队成员获得对项目有益的证书，从而促进项目的执行。培训计划是项目计划的一个分计划。

5）表彰和奖励

明确的奖励标准和完善的奖惩系统有助于推广和加强那些人们期望的行为。要想工作有效，表彰和奖励必须基于个人负责的活动和绩效。例如某人可以为达到成本目标而受到奖励，但同时他应该对费用的支出决策有一定程度的控制权。在编制人力资源计划时，要把制订表彰及奖励计划作为它的一部分。表彰和奖励的实施是团队建设过程的一部分，最后要确保兑现奖励。

6）遵守的法律规定

人员配备管理计划包括一些策略，以确保遵从相关的政府法律，如劳动法、规章制度、劳动合同或其他的与人力资源相关的法律法规和政策。

7）安全性

针对安全隐患，为确保项目团队成员的安全而制定的政策和规定，应该列入人员管理计划和风险清单内。

_____

① 此处的资源都是人力资源。

5.3　项目团队组织建设

项目团队组织建设过程包括前后两个子过程：首先，获取合适的人员以组成团队；然后，建设团队以发挥个人和团队整体的积极性。

5.3.1　组建项目团队

组建项目团队包括获得所需的人力资源（个人或团队），将其分配到项目中工作。在大多数情况下，可能无法得到"最理想"的人力资源，但项目管理团队必须保证所用的人员能符合项目的要求。

1. 项目人员分配

当适当的人选被分配到项目中并为之工作时，项目人员配置就完成了。依据项目的需要，项目人员可能被分配全职工作、兼职工作或其他各种类型的工作。相关的文档包括项目成员通信录、备忘录，要求将团队成员的名字插入项目管理计划中（如组织结构图和进度计划）。

2. 资源日历

资源日历表示出各个阶段到位的项目团队成员可以在项目上工作的时间。要创建一个可靠的、可行的进度计划，这取决于项目成员在时间安排上是否存在冲突（包括要了解员工的休假计划，或要了解该员工是否有参与其他项目时间的承诺）。

5.3.2　团队激励

项目团队建设要发挥每个成员的积极性，发扬团队的团结合作精神，提高团队的绩效，以使项目成功，这是团队共同的奋斗目标。但是怎么才能发挥每个成员的积极性？怎样建设好一个项目团队呢？这就需要运用一些管理理论以指导实践。团队建设作为项目管理中唯一的一个管人的过程，其理论基础和实践经验大多是从人力资源管理理论、组织行为学借鉴来的。

1. 激励理论

所谓激励，就是如何发挥员工的工作积极性的方法。典型的激励理论有马斯洛的需要层次理论、赫茨伯格的双因素理论和期望理论。

1）马斯洛的需要层次理论

著名的心理学家亚伯拉罕·马斯洛（Abraham Maslow）在 1943 年就首先提出了他的需要层次理论并因此闻名。他认为人类的行为有着最独特的性质，那就是爱、自尊、归属感、自我表现以及创造力，正是因为有了这些性质，人类能够掌握自己的命运。

马斯洛建立了一个需要层次理论，是一个 5 层的金字塔结构。

该理论以金字塔结构的形式表示人们的行为受到一系列需求的引导和刺激，在不同的层次满足不同的需要（已经满足的需要就不再是激励因素），才能达到激励的作用。

生理需要：对衣食住行等的需要都是生理需要，这类需要的级别最低，人们在转向较高层次的需要之前，总是尽力满足这类需要。

安全需要：安全需要包括对人身安全、生活稳定、不致失业以及免遭痛苦、威胁或疾病等的需要。和生理需要一样，在安全需要没有得到满足之前，人们一般不追求更高层次的需要。

社交需要：社交需要包括对友谊、爱情以及隶属关系的需要。当生理需要和安全需要得到满足后，社交需要就会突显出来，进而产生激励作用。这些需要如果得不到满足，就会影响员工的精神，导致高缺勤率、低生产率、对工作不满及情绪低落。

自尊需要：指自尊心和荣誉感。

自我实现的需要：指想获得更大的空间以实现自我发展的需要。

在马斯洛的需要层次中，底层的4种需要——生理需要、安全需要、社交需要、自尊需要被认为是基本的需要，而自我实现的需要是最高层次的需要。

马斯洛的需要层次理论有如下3个假设：

（1）人要生存，他的需求能够影响他的行为，只有未被满足的需要才能够影响其行为，已得到满足的需要不再影响其行为。也就是说，已被满足的需要失去激励作用，只有满足未被满足的需要才能有激励作用。

（2）人的需要按重要性从低到高排成金字塔形状。

（3）当人的某一层需要得到满足后，才会追求更高一层的需要，如此逐层上升，成为他工作的动机。

在项目团队的建设过程中，项目经理需要理解项目团队中每一个成员的需要层次，并据此制定相关的激励措施。例如在生理和安全的需要得到满足的情况下，公司的新员工或者新到一个城市工作的员工可能有社会交往的需要。为了满足他们对归属感的需要，有些公司就会专门为这些懂得信息技术的新员工组织一些聚会和社交活动。要注意到不同的人有不同的需要层次和需要种类。

2）赫茨伯格的双因素理论

激励—保健因素理论是美国的行为科学家弗雷德里克·赫茨伯格（Fredrick Herzberg）提出来的，又称双因素理论。双因素理论认为有两种完全不同的因素影响着人们的工作行为。

第一类是保健因素（Hygiene Factor），这些因素是与工作环境或条件有关的、能防止人们产生不满意感的一类因素，包括工作环境、工资薪水、公司政策、个人生活、管理监督、人际关系等。当保健因素不健全时，人们就会产生不满意感。但即使保健因素很好，也仅仅可以消除人们工作中的不满意，却无法增加人们对工作的满意感，所以这些因素是无法起到激励作用的。

第二类是激励因素（Motivator），这些因素是与员工的工作本身或工作内容有关的、能促使人产生工作满意感的一类因素，是高层次的需要，包括成就、认可、工作本身、责任、发展机会等。当激励因素缺乏时，人们就会缺乏进取心，对工作抱无所谓的态度。而一旦具备了激励因素，员工就会感觉到强大的激励力量而产生对工作的满意感，所以只有这类因素才能真正激励员工。

3）期望理论

著名的心理学家和行为科学家维克多·弗罗姆（Victor Vroom）于1964年在其名著《工作与激励》中首先提出期望理论。期望理论关注的不是人们需要的类型，而是人们用来获取报酬的思维方式，认为当人们预期某一行为能给个人带来预定结果，且这种结果对个体具有吸引力时，人们就会采取某一特定行动。

期望理论认为，一个目标对人的激励程度受两个因素影响：

（1）目标效价：指实现该目标对个人有多大价值的主观判断。如果实现该目标对个人来说很有价值，个人的积极性就高；反之，积极性则低。

（2）期望值：指个人对实现该目标可能性大小的主观估计。只有个人认为实现该目标的可能性很大，才会去努力争取实现，从而在较高程度上发挥目标的激励作用；如果个人认为实现该目标的可能性很小，甚至完全没有可能，目标激励作用则小，以至完全没有。

2. X 理论和 Y 理论

道格拉斯·麦格雷戈（Douglas M. McGregor）是美国著名的行为科学家，他在 1957 年 11 月提出了 X 理论和 Y 理论。X 理论和 Y 理论在人性的假设上截然相反。

1）X 理论

X 理论主要体现了独裁型管理者对人性的基本判断，这种假设认为：

（1）一般人天性好逸恶劳，只要有可能，就会逃避工作。

（2）人生来就以自我为中心，漠视组织的要求。

（3）人缺乏进取心，逃避责任，甘愿听从指挥，安于现状，没有创造性。

（4）人们通常容易受骗，易受人煽动。

（5）人们天生反对改革。

崇尚 X 理论的领导者认为，在领导工作中必须对员工采取强制、惩罚和解雇等手段，强迫员工努力工作，对员工应当严格监督、控制和管理。在领导行为上应当实行高度控制和集中管理，在领导风格上采用独裁式的领导方式。

2）Y 理论

Y 理论对人性的假设与 X 理论完全相反，其主要观点为：

（1）一般人天生并不是好逸恶劳的，他们热爱工作，从工作中得到满足感和成就感。

（2）外来的控制和处罚对人们实现组织的目标不是一个有效的办法，下属能够自我确定目标，自我指挥和自我控制。

（3）在适当的条件下，人们愿意主动承担责任。

（4）大多数人具有一定的想象力和创造力。

（5）在现代社会中，人们的智慧和潜能只是部分地得到了发挥。

基于 Y 理论对人的认识，信奉 Y 理论的管理者对员工采取民主型和放任自由型的领导方式，在领导行为上遵循以人为中心的、宽容的及放权的领导原则，使下属目标和组织目标很好地结合起来，为员工的智慧和能力的发挥创造有利的条件。

3）X 理论和 Y 理论的应用

对 X 理论和 Y 理论的选择决定了管理者处理员工关系的方式。迄今为止，无法证明两个理论哪个更有效。实际上，这两个理论各有自己的长处和不足。用 X 理论可以加强管理，但项目团队成员通常比较被动地工作。用 Y 理论可以激发员工的主动性，但对于员工把握工作而言可能又放任过度。人们在应用的时候应该因人、因项目团队发展的阶段而异。例如，在项目的开始阶段，大家互相还不是很熟悉，对项目不是很了解或者还有一种抵触等，这时候需要项目经理运用 X 理论去指导和管理；当项目进入执行阶段，团队成员对项目的目标已经了解，都愿意努力完成项目，这时候可以用 Y 理论去授权团队成员完成所负责的工作，并提供支持和相应的环境。

3. 领导与管理

领导作为名词，指领导人或领导者；作为动词，指领导活动。传统观念认为，领导是指一个人被组织赋予职位和权力，以率领其下属实现组织目标。现代观念认为，领导是一种影响力，是对人们施加影响，从而使人们心甘情愿地为实现组织目标而努力的艺术过程。领导者有责任洞察过程的不确定性，为其负责的组织指引正确的方向，并在必要时引导变革。

管理者是组织依法任命的，负责某个组织或某件事情的管理，是通过调研、计划、组织、实施和控制来实现管理，以完成更高一层组织交代的任务。

项目经理在带领团队管理项目的过程中，具有领导者和管理者的双重身份。越是基层的项目经理，需要的管理能力越强，需要的领导力相对管理能力而言不强。越是高层的项目经理如特大型项目的项目经理，需要的领导力越强，需要的管理能力相对领导力而言不强。

到目前为止，还没有一套公认的领导理论，目前主要有领导行为理论和领导权变理论。

领导行为理论的基本观点是：领导者应该知道要做什么和怎样做才能使工作更有效。集中在如下两个方面：

（1）领导者关注的重点，是工作的任务绩效，还是搞好人际关系。

（2）领导者的决策方式，即下属的参与程度。典型的领导方式有专断型、民主型和放任型。

领导权变理论的基本观点是：认为不存在一种普遍适用、唯一正确的领导方式，只有结合具体情境，因时、因地、因事、因人制宜的领导方式，才是有效的领导方式。其基本观点可用下式反映：

$$有效领导 = F（领导者、被领导者、环境）$$

即有效地领导取决于领导者自身、被领导者与领导过程所处的环境。例如，在项目早期团队组建的过程中，对于新员工，领导方式可以是专断型的（或者说独裁式的、指导式的）；当团队成员熟悉情况后，可以采用民主型的，甚至可以部分授权。

4. 影响力和能力

人是组织和项目最重要的资产。有的人是直接向项目经理汇报的，有的人是间接向项目经理汇报的，有的人是不向项目经理汇报的。对于直接汇报的人，可以用权力来管，那么怎么管理其他类型的人呢？其实项目经理无论管理哪种类型的人，除运用权力等强制力之外，更重要的是运用项目经理的影响力。

影响人们如何工作和如何很好地工作的因素包括激励、影响、权力和效率。

1）激励

前面已介绍了马斯洛的需要层次理论、赫茨伯格的双因素理论等激励理论，此处不再赘述。

2）影响

此处的影响指项目经理影响员工的方法。

泰穆汗和威廉姆对项目经理影响员工的方法做了研究，认为项目经理影响员工的方法有以下9种：

（1）权力：发命令的正当等级权力。

（2）任务分配：项目经理为员工分配工作的能力，让合适的人做合适的事。

（3）预算支配：项目经理自由支配项目资金的能力。

（4）员工升职：根据员工在项目中的表现提拔员工的能力。

（5）薪金待遇：根据员工在项目中的表现给员工提高工资和福利待遇的能力。

（6）实施处罚：根据员工在项目中的不良表现对员工进行处罚的能力。

（7）工作挑战：根据员工完成一项特定任务的喜好来安排其工作，这将是一个内在的刺激因素。

（8）专门技术：项目经理所具有的其他人觉得很重要的一些专业技术知识。

（9）友谊：项目经理和其他人之间建立良好的人际关系的能力。

研究表明，当项目经理使用工作挑战和专门技术来激励员工工作时，往往能取得成功。而当项目经理使用权力或处罚时，他们常常会失败。

3）权力

5 种基本的权力分别介绍如下：

（1）合法权力：是指在高级管理层对项目经理的正式授权的基础上，项目经理让员工进行工作的权力。

（2）强制力：是指用惩罚、威胁或者其他消极的手段强迫员工做他们不想做的事。

一般强制力对项目团队的建设不是一个很好的方法，通常会带来项目的失败，建议不要经常使用。

（3）专家权力。与泰穆汗和威廉姆的影响因素中的专门技术类似，就是用个人知识和技能让员工改变他们的行为。如果项目经理让员工感到他在某些领域有专长，那么他们就会遵照项目经理的意见行事。

（4）奖励权力。就是使用一些激励措施来引导员工去工作。奖励包括薪金、职位、认可度、特殊的任务以及其他的奖励员工行为的手段。大部分奖励理论认为，一些特定的奖励，如富有挑战性的工作、工作成就以及认可度才能真正引导员工改变行为或者努力工作。

（5）感召力。感召力也称"领袖气质"，是个人具有的一种人格特质，尤指那种神圣的、鼓舞人心的、能预见未来、创造奇迹的天才气质。具有这种气质的人对别人具有吸引力并受到拥护。员工非常尊重某些具有感召力的人，员工会按照他们所说的去做。

以上是项目经理的 5 个权力类型，建议项目经理最好用奖励权力和专家权力来影响团队成员去做事，尽量避免强制力。项目经理的合法权力、奖励权力和强制力是来自公司的授权，而其他的权力则是来自项目经理本人。

4）效率

项目经理可以利用史蒂文总结的高效率的人具备的 7 种习惯来帮助自己和项目组。这 7 种习惯分别如下：

（1）保持积极状态。

（2）从一开始就牢记结果。

（3）把最重要的事放在最重要的位置上。

（4）考虑双赢。

（5）首先去理解别人，然后再被别人理解。

（6）获得协同效应。

（7）"磨快锯子"。

当然，倾听也是一个优秀的项目经理必备的关键习惯。

5.3.3 项目团队建设

项目团队建设工作包括提高项目相关人员的技能、改进团队协作、全面改进项目环境，其目标是提高项目的绩效。项目经理应该去招募、建设、维护、激励、领导、启发项目团队，以获得团队的高绩效，并达到项目目标。

1. 项目团队建设的主要目标

在项目的整个生命周期，项目团队建设过程需要项目团队之间建立清晰的、及时的和有效的沟通。项目团队建设的目标包括但不限于如下目标：

（1）提高项目团队成员的个人技能，以提高他们完成项目活动的能力，与此同时，降低成本、缩短工期、改进质量并提高绩效。

（2）提高项目团队成员之间的信任感和凝聚力，以提高士气，降低冲突，促进团队合作。

（3）创建动态的、团结合作的团队文化，以促进个人与团队的生产率、团队精神和团队协作，鼓励团队成员之间交叉培训和切磋以共享经验和知识。

有效的团队合作包括在工作负担不平衡的情况下互相帮助，以符合各自偏好的方式进行交流，共享信息和资源。如果能够尽早进行团队建设，将会越早收效。当然，这个活动应该贯穿整个项目的生命周期。

2. 成功的项目团队的特点

成功的项目团队具有如下的共同特点：

（1）团队的目标明确，成员清楚自己的工作对目标的贡献。

（2）团队的组织结构清晰，岗位明确。

（3）有成文或习惯的工作流程和方法，而且流程简明有效。

（4）项目经理对团队成员有明确的考核和评价标准，工作结果公正公开，赏罚分明。

（5）有共同制定并遵守的组织纪律。

（6）协同工作，也就是一个成员的工作需要依赖于另一个成员的工作结果，善于总结和学习。

足球场上的球队就是一个典型的团队，各个球员职责分明，各司其职，互相配合，以进球获胜为团队的最高目标，大家为这个共同的目标而奋斗。在激烈的比赛过程中，队形难免会变形，此时邻近的其他队员应及时补位，有队员攻进了球，这既是该球员个人积极性充分发挥的结果，也是团队通力配合的结果。

3. 项目团队建设的 5 个阶段

作为一个持续不断的过程，项目团队建设对项目的成功至关重要。在项目的早期，团队建设相对简单，但随着项目的推进，项目团队建设一直在深化。项目环境的改变不可避免，因此团队建设的努力应该不断地进行。项目经理应该持续地监控团队的工作与绩效，以确定为预防或纠正团队问题是否采取相应的行动。优秀的团队不是一蹴而就的，一般要依次经历以下 5 个阶段：

（1）形成阶段：一个个的个体成员转变为团队成员，开始形成共同目标，对团队未来往往有美好的期待。

（2）震荡阶段：团队成员开始执行分配的任务，一般会遇到超出预想的困难，希望被现实打破。个体之间开始争执，互相指责，并且开始怀疑项目经理的能力。

（3）规范阶段：经过一定时间的磨合，团队成员之间相互熟悉和了解，矛盾基本解决，项目经理能够得到团队的认可。

（4）发挥阶段：随着相互之间的默契配合和对项目经理的信任，成员积极工作，努力实现目标。这时集体荣誉感非常强，常将团队换成第一称谓，如"我们那个组""我们部门"等，并会努力捍卫团队声誉。

（5）结束阶段：随着项目的结束，团队也被遣散了。

以上每个阶段按顺序依次出现，至于每个阶段的长短，则取决于团队的结构、规模和项目经理的领导力。

在项目的失败原因中，团队建设不善甚至分裂占相当的比例，所以项目团队的建设在整个项目管理过程中相当重要。

4. 项目团队绩效评估的主要内容和作用

项目管理团队可以进行正式或非正式的项目团队绩效评估。有效的团队建设方法和活动会提高团队的绩效，提高实现项目目标的可能性。项目团队绩效评估可以包含以下几个指标：

（1）技能的改进。这能使个人更高效地完成所分派的任务。

（2）能力和情感方面的改进。这能提高团队能力，帮助团队更好地共同工作。

（3）团队成员流动率降低。

（4）增加团队的凝聚力。这可以通过团队成员之间共享信息和经验以及互相帮助等方法来全面提高项目绩效。

作为项目团队全面绩效评估的结果，项目管理团队可能会发现为了改进项目的绩效，要进行专门的培训、指导、训练和支持，甚至采取必要的变更。也可能通过团队绩效评估，管理团队发现为了改进绩效需要增加合适的资源。这些内容应当记录在案，并被转达到有关方面。这一点当团队成员是工会会员，或涉及集体协商，或受合同相应条款的限制，或其他类似的情况时尤其重要。

5.4　项目团队管理

项目团队管理是指跟踪个人和团队的绩效、提供反馈、解决问题和协调变更，以提高项目绩效。项目管理团队必须观察团队的行为、管理冲突、解决问题和评估团队成员的绩效。实施项目团队管理后，应将项目人员配备管理计划进行更新，提出变更请求、解决问题，同时为团队绩效评估提供依据，为组织的数据库增加新的经验教训。

在一个矩阵组织中，某个项目成员如果既向职能部门经理汇报，又向项目经理汇报，项目团队的管理就会变得很复杂。对这种双重汇报关系的有效管理通常是一个项目成功的关键因素，一般由项目经理负责。

5.4.1　项目团队管理的方法

可以通过如下的工具与技术，实现对项目团队的管理。

1. 观察和交谈

观察和交谈用于随时了解团队成员的工作情况和思想状态。项目管理团队监控项目的进展，如完成了哪些可交付成果，让项目成员感到骄傲的成就有哪些，以及人际关系问题等。

如果是虚拟团队，这就要求项目管理团队进行更加积极主动的、经常性的沟通，不管是面对面的还是其他什么合适的方式。

2. 项目绩效评估

在项目实施期间进行绩效评估的目标是澄清角色、责任，从团队成员处得到建设性的反馈，发现一些未知的和未解决的问题，制订个人的培训和训练计划，为将来一段时间制定具体目标。

正式和非正式的项目绩效评估依赖于项目的持续时间、复杂程度、组织政策、劳动合同的要求，以及定期沟通的数量和质量。项目成员需要从其主管那里得到反馈。评估信息的收集也可以采用360度反馈的方法，从那些和项目成员交往的人那里得到相关的评估信息。360度反馈的意思是绩效信息的收集可以来自多个渠道、多个方面，包括上级领导、同级同事和下级同事。

3. 问题清单

把在管理项目团队的过程中出现的问题记录在问题清单里，有助于知道谁在预定日期前负责解决这个问题。同样，问题的解决有助于项目团队消除阻止其实现项目目标的各种障碍。

5.4.2　冲突管理

1. 认识冲突

冲突，就是计划与现实之间的矛盾，或人与人之间不同期望之间的矛盾，或人与人之间利益的矛盾。在管理项目的过程中，最主要的冲突有进度、项目优先级、资源、技术、管理过程、成本和个人冲突7种。

成功的冲突管理可以大大地提高生产力并促进积极的工作关系。如果冲突得到适当的管理，那么，分歧就是有益的，就可以增加创造力并促使管理团队作出更好的决策。当分歧变成负面因素时，项目管理团队成员应负责解决冲突。如果冲突升级，项目经理应帮助团队找出一个满意的解决方案。

项目冲突应该被尽早发现，利用一些非正式的但直接的、合作的方式来处理冲突。如果冲突持续升级，那么就需要使用正式的处理程序，包括采取惩戒措施。

在一个项目团队中处理冲突时，项目经理应该认识到冲突的下列特点：

（1）冲突是自然的，而且要找出一个解决办法。

（2）冲突是一个团队问题，而不是某人的个人问题。

（3）应公开地处理冲突。

（4）冲突的解决应聚焦在问题，而不是人身攻击。

（5）冲突的解决应聚焦在现在，而不是过去。

2. 解决冲突

1）影响解决冲突的因素

在管理项目团队时，项目经理的成功主要依靠他们解决冲突的能力，不同的项目经理有解决冲突的不同风格。影响解决冲突的因素如下：

（1）冲突的重要性与强度。

（2）解决冲突的时间压力。

（3）涉及冲突各方的位置。

（4）基于长期解决冲突还是短期解决冲突的动机。

2）解决冲突的方法

不管冲突对项目的影响是正面的还是负面的，项目经理都有责任处理它，以减少冲突对项目的不利影响，增加其对项目积极有利的一面。

以下是管理冲突（解决冲突）的 6 种方法：

（1）问题解决。问题解决就是冲突各方一起积极地界定问题、收集问题的信息、制定解决方案，直到最后选择一个最合适的方案来解决冲突，此时为双赢或多赢。但在这个过程中，需要公开地协商，这是管理冲突最理想的一种方法。

（2）合作。集合多方的观点和意见，得出一个多数人能接受和承认的解决冲突方案。

（3）强制。强制就是以牺牲其他各方的观点为代价，强制采纳一方的观点。一般只适用于赢—输这样的零和游戏情景。

（4）妥协。妥协就是冲突的各方协商并且寻找一种能够使冲突各方都有一定程度满意，但冲突各方没有任何一方完全满意的（即做一些让步）解决冲突的方法。

（5）求同存异。求同存异的方法就是冲突各方都关注他们一致的一面，而淡化不一致的一面。一般求同存异要求保持一种友好的气氛，但是回避了解决冲突的根源，也就是让大家都冷静下来，先把工作做完。

（6）撤退。撤退就是把眼前的或潜在的冲突搁置起来，从冲突中撤退。

5.5　团队沟通管理

在世界经济日益全球化的今天，沟通的重要性越来越被人们所认识。对企业内部而言，人们越来越强调建立学习型的企业，越来越强调团队合作精神，因此有效的企业内部沟通交流是成功的关键；对企业外部而言，为了实现企业之间的强强联合和优势互补，人们需要掌握谈判与合作等沟通技巧；对企业自身而言，为了更好地在现有政策允许的条件下，实现企业的发展并服务于社会，也需要处理好企业与政府、企业与公众、企业与媒体等各方面的关系。这些都离不开熟练掌握和应用管理沟通的原理和技巧。对电子商务项目管理而言，建立良好的管理沟通意识，逐渐养成在任何沟通场合下都能够有意识地运用管理沟通的理论和技巧进行有效沟通的习惯，可以达到事半功倍的效果，这显然是十分重要的。

5.5.1　团队沟通管理的过程

团队沟通管理[①]包括如下过程：

1. 沟通计划编制

确定项目干系人的信息和沟通需求，例如：哪些人是项目干系人，他们对于该项目的收

---

① 此处的团队沟通管理也就是项目沟通管理，简称沟通管理。

益水平和影响程度如何，谁需要什么样的信息，何时需要，以及应怎样分发给他们。

2. 信息分发

以合适的方式及时向项目干系人提供他们所需的信息。

3. 绩效报告

收集并分发有关项目绩效报告的信息，包括状态报告、进展报告和预测。

4. 项目干系人管理

对团队沟通进行管理，以满足项目干系人的需求并解决项目干系人之间的问题。

5.5.2　沟通和沟通管理的含义及特点

首先要知道什么是沟通，以及什么是沟通管理。沟通就是信息的生成、传递、接收和理解检查的过程。

沟通的基本单元是个人与个人的沟通，这是所有沟通的基础。如果作为项目管理者不能熟练地掌握个人与个人的沟通，那么也同样不会掌握多人之间的沟通。

沟通管理这一知识领域包括保证及时与恰当地生成、搜集、加工处理、传播、存储、检索与管理项目信息所需的各个过程。沟通管理在人员与信息之间提供取得成功所必须的关键联系。项目经理需要花费很多的时间与项目团队、客户、项目干系人和项目发起人进行沟通。每个参与项目的人都应认识到他们作为个人所参与的沟通对项目整体的影响。

5.5.3　沟通管理计划

项目经理的大部分时间（80%~90%）都在进行各方面各类型的沟通工作，而项目管理要求沟通是主动和受控的。在讨论团队沟通时，需要考虑沟通模型的各项要素。使用这些要素与项目干系人进行沟通，通常会面临许多挑战。以技术性很强的跨国项目团队为例，一个团队成员如要成功地与其他国家的另外一个团队成员就技术概念进行沟通，需要用适当的语言对信息进行编码，使用各种技术将信息发送并由接收方对信息进行解码。在此期间产生的任何干扰都会影响信息本意。沟通故障将对项目造成不利影响。

美国项目管理协会对沟通管理计划编制过程的描述如下：沟通管理计划编制是确定项目干系人的信息与沟通需求的过程，即谁需要何种信息、何时需要以及如何向他们传递。虽然所有项目都有交流项目信息的需要，但信息的需求及其传播方式却彼此大相径庭。认清项目干系人的信息需求，确定满足这些需求的恰当手段，是项目成功的重要因素。在多数项目中，沟通计划大都是作为项目早期阶段的一部分进行的。但在项目的整个过程中都应对其结果进行定期检查，并根据需要进行修改，以保证其继续适用。沟通管理计划的编制往往与企业环境因素和组织影响密切相关，因为项目的组织结构对项目的沟通要求有重大影响。

1. 沟通管理计划编制过程

（1）确定项目干系人的沟通信息需求，即哪些人需要沟通、谁需要什么信息、什么时候需要以及如何把信息发送出去。

（2）描述信息，文件归档。

（3）确定发送信息的格式，主要指创建信息发送的档案，获得信息的访问方法。

通常，沟通管理计划编制的第一步就是分析项目干系人，得出沟通的需求和方式，进而形成较为准确的沟通需求表，然后再针对需求编制计划。

2. 沟通管理计划包括的内容

按照美国项目管理协会的描述，沟通管理计划应该包括以下内容：

（1）项目干系人的沟通要求。

（2）对要发布的信息的描述，包括格式、内容和详尽程度。

（3）接收信息的个人或组织。

（4）信息传达所需的技术或方法，如备忘录、电子邮件或新闻发布等。

（5）沟通频率，如每周沟通等。

（6）上报过程，对下层无法解决的问题，确定问题上报的时间要求和管理链（名称）。

（7）随项目的进展对沟通管理计划更新与细化的方法。

5.5.4　项目干系人管理

因为项目有众多的项目干系人，项目干系人从项目中获利或受损，所以，项目干系人对项目的开展会有推进或阻碍的影响。影响力有多大，需要对项目干系人进行分析，采取有效措施对项目干系人的利益进行平衡，并制定信息沟通等级。项目干系人管理就是对他们的沟通进行管理，让不同的项目干系人得到相应等级的项目信息并解决项目干系人之间的问题，从而使项目顺利地按计划推进。

1. 项目干系人管理的范围

（1）客户。

一般来讲，客户关注的始终是如何使自己的投资有最丰厚和长远的回报，同时又将风险控制到最低。因此，客户关心的不仅仅是项目能否完成，还包括整个项目的进度、费用情况以及施工的质量等环节。

（2）高层领导。

高层领导通常关注项目是否按照计划进行、是否符合项目的目标、项目团队的绩效是否能够保持。因此，项目经理一定要清楚在不同的项目中，自己的项目在高层领导眼中的优先级和地位。项目经理还要保持和高层的沟通，以便获得资源的支持。

（3）项目团队。

第三个重要的沟通对象就是项目团队，项目成功与否取决于项目经理的管理，但项目经理必须清楚项目成功依靠的是整个项目团队的共同努力。因此，加强和项目团队成员的沟通是非常重要的事情。

例如在项目计划阶段，需要项目团队成员提供计划的依据，这时沟通就起到了非常重要的作用。而在实施阶段，项目经理要确保对项目的运作有清晰的了解，同样也必须依靠项目团队成员。

2. 项目干系人管理的方法

（1）通过调查项目干系人的需求和期望可以了解项目干系人的目标和沟通层次。

在沟通管理计划中，要对这些需求和期望进行识别、分析和记录。

（2）在与项目干系人进行沟通时，项目经理需要充分理解项目干系人的需求，以便充分与干系人合作，达成项目目标。

（3）在管理项目干系人的过程中，应使用沟通管理计划中为每个项目干系人确定的沟通方法。面对面会议是与项目干系人讨论、解决问题的最有效方法；如果不需要进行面对面会议或进行面对面会议不可行时（例如跨区域项目），则可利用电子邮件或者传真的方式进行沟通。

（4）管理项目干系人的主要目标是促进干系人对项目的理解与支持，使干系人了解项目的进展和有可能带来的影响。

第 6 章

项目收尾

项目收尾阶段是收获项目成果的阶段，同时也是电子商务项目容易理解但较难操作的阶段。这个阶段一旦结束，就标志着整个项目管理过程的最终结束。

如同项目启动阶段需要正式的文档和工作一样，项目收尾阶段也需要以某种正式的活动作为结束标志。如完成项目交付成果的检验，由项目团队将完成的成果交与用户方，业主（用户）确认成果符合合同规定。项目收尾工作的另一重要内容是从项目中获得相关经验，以便指导和改善未来项目的运作和实施。

6.1 项目收尾的内容

项目收尾的具体内容主要是项目验收、项目总结和项目评估审计。

6.1.1 项目验收

项目的正式验收包括验收项目产品、文档及已经完成的交付成果。

6.1.2 项目总结

项目总结属于项目收尾的管理收尾。而管理收尾有时又被称为行政收尾，就是检查项目团队成员及相关干系人是否按规定履行了所有责任。实施行政收尾过程还包括收集项目记录、分析项目成败、收集应吸取的教训，以及将项目信息存档以便供本组织将来使用等活动。

1. 项目总结的意义

项目总结的意义如下：

（1）了解项目全过程的工作情况及相关的团队或成员的绩效状况。

（2）了解出现的问题并进行改进措施总结。

（3）了解项目全过程中出现的值得吸取的经验并进行总结。

（4）对总结后的文档进行讨论，通过后即存入公司的知识库，从而纳入企业的过程资产。

2. 项目总结会的准备工作

（1）收集整理项目过程文档。这是全体项目成员共同的工作，而非项目经理一人的工作。项目经理可将此项工作列入项目的收尾工作中，作为参与项目的成员和团队的必要工作。项目经理可以根据项目的实际情况对项目过程文档进行收集，对所有的文档进行归类和整理，给出具体的文档模板并加以指导和要求。

（2）收集经验教训并形成项目总结会议的讨论稿。在此初始讨论稿中，项目经理有必要列出项目执行过程中的若干主要优点和若干主要缺点，以有利于讨论的时候加以重点呈现。

3. 项目总结会

项目总结会需要全体参与项目的成员都参加，并由全体讨论形成文件。项目总结会所形成的文件一定要通过所有人的确认，任何有违此项原则的文件都不能作为项目总结会的结果。

项目总结会还应对项目进行自我评价，这有利于后面开展项目评估和审计工作。

一般的项目总结会应讨论如下内容：

（1）项目绩效。包括项目的完成情况、具体的项目计划完成率、项目目标的完成情况等，把这些作为全体参与项目成员的共同成绩。

（2）技术绩效。最终的工作范围与项目初期的工作范围的比较结果是什么，在工作范围上有什么变更，项目的相关变更是否合理，处理是否有效，变更是否对项目的质量、进度和成本有重大影响，项目的各项工作是否符合预计的质量标准，是否让客户满意。

（3）成本绩效。最终的项目成本与原始的项目预算费用比较如何，包括项目范围的有关变更新增加的预算是否存在大的差距、项目盈利状况如何。这影响到项目组成员绩效和奖金的分配。

（4）进度计划绩效。最终的项目进度与原始的项目进度计划比较结果是什么，进度为何提前或者延后，是什么原因造成这样的影响。

（5）项目的沟通。是否建立了完善并有效利用的沟通体系；是否让客户参与过项目决策和执行的工作；是否要求客户定期检查项目的状况；与客户是否有定期的沟通和阶段总结会议，是否及时通知客户潜在的问题，并邀请客户参与问题的解决等；项目沟通计划完成情况如何；项目内部会议记录资料是否完备等。

（6）识别问题和解决问题。项目中发生的问题是否解决，问题的原因是否可以避免，如何改进项目的管理和执行等。

（7）意见和建议。项目成员对项目管理本身和项目执行计划是否有合理化建议和意见，这些建议和意见是否得到大多数参与项目成员的认可，是否能在未来项目中予以改进。

6.1.3　项目评估和审计

这里所说的项目评估和审计属于项目事后评估和审计，有别于项目初始阶段进行的评估工作。

1. 项目评估

项目评估的意义是将项目的所有工作加以客观地评价，从而对项目全体成员的成果形成绩效结论。好的项目评估会引导后续项目的开展，并对项目过程的改进起到很重要的作用。

1）项目评估的依据

不同类型的项目，评估的要求不同，同一项目的评估要求每个公司也不相同。不同的主体往往对相同的项目有着不同的要求。多数要求包括以下几个方面：

（1）盈利要求。

（2）客户满意度要求。

（3）后续项目指标要求。

（4）内部满意度要求。

2）评估权重

根据不同的权重将这几项指标进行加权平均，从而得出项目的具体分值。

（1）盈利要求。通常情况下，公司对项目都有盈利要求。而在项目开始时，经过测算大都能够估算出盈利的指标。但由于存在很多不确定性，在项目收尾的时候，盈利与预期之间一定存在不小的差距，而项目管理的水平就是造成这一差距的原因。好的项目管理和团队绩效会增加盈利水平，而差的项目管理和团队绩效会降低盈利水平，甚至改盈利为亏损。当然，还有一些外在的因素也会影响项目的盈利水平，包括电子商务项目的需求不明确、电子商务业主的原因、电子商务第三方或者项目干系人的原因等。项目评估的时候也需要考虑这些因素。

（2）客户满意度要求。通常情况下，客户满意度会有比较大的差异，因为这项指标属于主观性比较强的指标。公司如何评价客户满意度，需要公司高层管理者有较为谨慎的态度和细致的工作。客户满意度的调查需要项目组以外的成员进行，通常采用直接访问调查的方式。就是由公司的调查主管直接访问客户方的人员（最好是多个客户方人员），通过答题的方式进行，最后在比较的基础上得出较为准确的评价。

除了固定的客户满意度调查外，企业还可以引入行为描述类指标，对客户满意度指标进行补充修正。但收集客户满意度并不容易，全面调查工作量太大，经常操作的可能性不强，客户也不愿意接受这样频繁的调查。企业可以针对每一次项目活动的特点，设立具体的行为类问题。例如，客户对项目的配合程度、项目成员与客户的熟悉程度、客户对项目的问题与答复情况等。这些指标也许太具体化和个性化，但能够激发人们主动提高客户满意度的意识，以及对客户关系的维护。

（3）后续项目指标要求。因为不同的项目其后续项目指标要求区别很大，故此处不详述。

（4）内部满意度要求。通常情况下，项目收尾以后，需要对项目的内部成员加以调查，确认项目在实施的过程中内部满意度如何，作为项目评估的指标之一。

2. 项目审计

项目审计应由项目管理部门与财务部门共同进行，相关的审计项目应在项目成本管理中列出。在项目收尾的时候，对已经列出的支出和收入进行财务审计，对不合理的支出和收入加以分析，为改进项目的管理服务。

6.2　项目团队成员转移

项目结束后，项目团队的成员面临新的任务，这时项目团队随之消亡。有经验的项目经理会主动了解项目成员的归属，并发送亲笔的感谢信，以便于将来的合作。

6.2.1　项目团队成员的转移

严格地说，只有在项目真正结束后，团队成员才能正式脱离项目。但是在实际操作中，团队的部分成员可能由于一些原因中途离开项目团队，或者完成了自己的任务而转到其他的项目团队。无论团队成员是中途转移还是在项目结束时转移，项目经理都应该经过必要的程序对成员的转移加以管理和安排。一般项目成员的转移流程如下：

（1）项目团队成员的管理计划，也就是项目人力资源管理计划中所说的人员转移条件已经触发。

（2）项目团队成员所承担的任务已完成，提交了经过确认的可交付物并已完成工作交接。

（3）项目经理与项目团队成员确认该成员的工作衔接已经告一段落或者已经完成。

（4）项目经理签发项目团队成员转移确认文件。

（5）项目经理签发项目团队成员的绩效考核文件。

（6）项目经理通知所有相关的项目干系人。

（7）若是项目收尾，全体项目成员结束项目工作，应召开项目总结表彰大会，肯定项目的成绩、团队成员的业绩，同时总结项目的经验教训。

6.2.2 项目团队转移成员的业绩评定

项目经理要对项目团队转移成员在项目中的业绩进行评定，主要考虑以下两个方面：

1. 考评的多面性

项目团队中的成员往往是以项目团队的形式合作完成任务，而项目团队一般采用矩阵式组织结构，具有项目组织与业务部门的双重管理系统。项目经理应制定对应的考核标准，保持与成员所在职能部门的联系，不仅对其在项目中的工作进行评价，还要向其所属职能部门反映该成员在专业技能方面的表现。

2. 考评的综合性

考虑到项目成员的工作具有团队性和创造性的特点，在考评内容上应由单纯考评"结果"转向兼顾"结果、行为和个体特质"多个方面，综合运用结果类和行为类指标。增加其他的团队成员和项目干系人的评价。但是对不同的考评主体，应根据其职责分工确定相应的考核项。另外，为了更好地引导员工在工作中以部门和团队整体利益为重，避免过度竞争和不合作状况的出现，员工个人绩效的最终结果还要结合团队绩效的好坏来确定。

6.2.3 项目团队成员的表彰

在项目收尾的时候，项目经理应对全体项目成员的贡献进行表彰。项目经理应考虑以下的工作内容：

（1）对项目成员发送亲笔签名的感谢信。

（2）对项目成员的贡献加以总结和评述。

（3）提出项目成员的不足并提出改进建议。

（4）对项目成员的未来工作给予一定的建议。

（5）提请项目发起人对有突出贡献的项目团队成员予以奖励和表彰。

（6）物质奖励。

参 考 文 献

［1］戚安邦．项目管理学［M］.（第2版）.北京：科学出版社，2012.

［2］谭志彬．信息系统项目管理师教程［M］.（第3版）.北京：清华大学出版社，2017.

［3］项目管理协会．项目管理知识体系指南（PMBOK 指南）［M］.北京：电子工业出版社，2018.

［4］辛西娅·斯塔克波尔·斯奈德．活用 PMBOK 指南：项目管理实战工具［M］.（第2版）.北京：电子工业出版社，2014.

［5］李志刚，等．电子商务项目运作与管理［M］.北京：中国铁道出版社，2011.